作 者 简 介

闻章, 本名靳文章。中国作家协会会员,著有《周易趣读》《老子趣读》《身边禅》《小兵张嘎之父》《活卦》《把握未知的命运》《大化如花》《我画我的》《月下花开》《花知道》等多部著作。现居石家庄。

有件事忘了跟你说

闻章 / 著

知识产权出版社
全国百佳图书出版单位
—北京—

图书在版编目（CIP）数据

有件事忘了跟你说 / 闻章著. —北京：知识产权出版社，2021.7

ISBN 978 - 7 - 5130 - 7507 - 7

Ⅰ.①有…　Ⅱ.①闻…　Ⅲ.①人生哲学—通俗读物　Ⅳ.①B821 - 49

中国版本图书馆 CIP 数据核字（2021）第 073595 号

责任编辑：杨晓红　　　　　　　　　　责任校对：谷　洋

特约编辑：孙　彬　　　　　　　　　　责任印制：刘译文

封面设计：郭　蝈

有件事忘了跟你说

闻章　著

出版发行：知识产权出版社有限责任公司　　网　　址：http://www.ipph.cn

社　　址：北京市海淀区气象路 50 号院　　邮　　编：100081

责编电话：010-82000860 转 8114　　　　责编邮箱：1152436274@qq.com

发行电话：010-82000860 转 8101/8102　　发行传真：010-82000893/82005070/82000270

印　　刷：三河市国英印务有限公司　　　经　　销：各大网上书店、新华书店及相关专业书店

开　　本：880mm×1230mm　1/32　　　印　　张：8.125

版　　次：2021 年 7 月第 1 版　　　　　印　　次：2021 年 7 月第 1 次印刷

字　　数：190 千字　　　　　　　　　定　　价：59.00 元

ISBN 978 - 7 - 5130 - 7507 - 7

序言

人活着，谁也不能替代谁，酸、甜、苦、辣，喜、怒、哀、乐，每个人活在每个人的境遇里，也活在每个人的境界里。

作者无能，唯其无能才说些无关紧要的话，当作道理。有能力的人是直接做，做才是第一义。生活是有道理的，但道理不是生活。

目录

目录

目录

目录

目录

第一辑

一点点

"一翳飞而蔽天，一尘堕而覆地"，因此
一点点并非一点点那么简单。人也好，事
也好，最要紧处，往往系于一念。

一点点

　　韩羽先生说绘画：大师与非大师的差别，只是一点点。比如画漫画，华君武即大师，因为他的确高，但也就高出那么一点点。虽只一点点，别人却不及，无论怎么努力，也不及。

　　仔细一想，也是，不只是绘画，别的也一样。比如跳高跨栏以及体育的种种项目，冠军与亚军，成功与失败，其实所差的也仅是那么一点点。比如针，尖锐处就那一点点，但正是这一点点，成就了针的功用。少了这一点点，针就不是针了，或者不是好针了。

　　做人也是，好人与坏人之间的分别在哪里？没在身量上，更没在穿戴上，而是在心量上，或者说在念头上，关键时刻，这么想还是那么想，只这一瞬间的念头就决定了人品的高低。还比如生与死，**生与死，从生理现象上看，区别也不大**，只在于有无呼吸。从心灵层面上看，生与死的区别，在于信心之有无。

　　人生无他，只在这一点点上着意即是。

坏人的好

　　世界上分好人坏人，其实不好分，虽然不好分，却总这样分。不好分的原因，是没有标准，不是没标准，是一人一个标准。同样一个人，对你来说是好人，对另一个人来说，可能是坏人。好与坏是对自己来说的，伤害到了自己的身心、妨碍或者有损自己利益的就是坏人；反之是好人。

　　谁都知道好人好，没有多少人知道其实坏人也好，甚至更好，好过好人。不信么？举个例子，有一位局长刚上任，一位副局长瞧不上，就死死盯住他，随时准备到纪检委举报他。害得此局长咬牙，却也没办法，只能时时处处谨小慎微，一点出格的事也不敢做。这样几十年下来，一直到退休。

　　你说这位副局长是好人还是坏人？若没有他这样执着地保驾护航，那局长说不定会犯错误，或者犯大错误。你就是花钱雇个把关的，也不见得能这么尽心尽责。尽心尽责，又不要你报酬，又不要你报答。即便你恨着人家，人家照样衷心不改。这不是好过好人吗？

　　所谓坏人，干的多是这样的事，激励别人成功，保证别人成功。你想想，一个人智慧多了，力量大了，能力强了，信心足了，不都是被那些难缠的人逼出来的么?

　　因此我说,世界上只有两种人,一种是成就我的,另一种是死乞百赖成就我的。

　　人如此,事也如此。

自己是骗子

都说世上有骗子，我说没骗子。

有一个游戏：乙在屋外，甲在屋里，不许接触身体，乙须设法让甲走出屋子，甲无论如何不能走出屋子，双方以此定输赢。这时，乙得用各种手段引诱甲，就看甲定力如何。

游戏开始，乙用尽了手段，甲始终不为所动。最后乙对甲说："别看你在屋里我不能让你出来，你要是在外面，我一句话就能让你进屋。"甲说："不可能。"乙说："不信你试试。"甲说："试试就试试"，说着一步跨到屋外。他输了，他没有想到这也是手段。

所谓骗子就是有手段的人，小骗子小手段，大骗子大手段。

不被别人骗还能做到，不被自己骗不容易做到。

你咋样，它咋样

　　教科书上说，人是社会关系的总和。这似乎不够全面，其实，人还是宇宙万有的总和。这个世界是因为有了人而有意义。人不但与人结成各种关系，人与事与物也在关系中。我们每天活在世上，其实是在处理关系。

　　人与世界的关系，是对待的关系，你怎么对它，它怎么对你。比如人与石头，你抚摸它，它还你柔软与光滑；你用力顶它，它还你坚硬；你狠命打击它，它还你疼痛；你把它砸烂，它让你骨折。

　　因此，若想在这个世界上成就点什么，就得郑重与恭敬。一切以郑重得之，一切以恭敬得之。成就大小，看郑重与恭敬的程度。因此，才有一个词叫郑重其事，我再造一个词叫恭敬其事。

吸毒者

谁都知道吸毒不好，包括吸毒者本人。知道不好，却还要吸，难改。据说有一个很理智的人不信这个邪，他决心吸毒，然后猛力改正，给吸毒者做个示范。结果，据说这个人吸了之后，也没能改过来。

之所以难改，其实不怪吸毒者，怪人本身有此劣根。这个劣根不只表现在吸毒上，也表现在日常生活中。

何为毒？对自己身心不好的东西即是毒。何为滋养？对自己身心好的东西即是滋养。

人都喜欢好东西，所谓收藏，即是把好东西归到自己这儿来，让自己时时在惬意里。到景区也是，看山看水，也是将喜欢的收摄在心。但是人在看人的时候，却往往变得很怪，总喜欢看人的不对，特别是身边人，总能挑出毛病。因为看不惯，所以不舒服。一日不舒服，两日不舒服，日日不舒服，就会积秽成病。成病之后，再看人，怨气所结，触处皆蛊色，会更不舒服。

其实，看人毛病本身即是毛病，且是大毛病。他不对，你就对么？所谓你这样他那样，往往是因为性情不同，角度不同，站位不同，处理方式不同所致，并非他错了。

即便真错了，也不是你生气他就能改的。你说，他真有毛病，我能不看么？那么我说，公园里有垃圾桶，有谁天天蹲在那儿看呢？

　　其实，我们都是吸毒者，且是主动吸，程度不同，但性质一样。

自愿做奴隶

一日，听陈先生讲笑话，其中有几句顺口溜："平生无大志，愿得一坑金。方圆三十里，浅处半人深。"听的人无不笑。据说这是评书《永庆升平》里的一首开场诗。

人就这样，欲海难填。一个本来很高贵的生命体，却天天被一个叫作欲望的东西牵着，从此成了它的奴隶。什么是奴隶？低贱、下劣、凡事不能自主、如猪如狗，甚至猪狗不如。奴隶有多种，成了什么的奴隶就会被什么牵制、奴役、蹂躏，你看那些贪官，不是已经被金钱踹到地狱里去了么？还有那些没有被踹的，也已经在地狱的边缘，不知哪天被踹下去。其实还用踹么，**当贪婪做了自己主的那一刻，就已经在地狱里了**，只是不自知而已。且不仅不自知还觉得挺好。

我曾经画一幅小画，一个被扒光的人，被一只衣冠楚楚的狼所牵引，狼很得意，人也很得意。跋曰："那天走在街上，迎头碰到欲望，被它劫持走了，也没觉得上当。从此成为奴隶，还觉像个皇上。突然一日醒来，想着如何解放。"最后一句，是结穴所在。但是醒来的人有几个呢？

人竟然是愿意做奴隶的，这么一想，就很可怕了。

被劫持图

那天走在街上，迎头碰到欲望，被它劫持走了，
也没觉得上当。从此成为奴隶，还觉像个皇上。
突然一日醒来，想着如何解放。

移动自己

我命也乖，正长身体时挨饿，正学知识时停课，害得我身材不高，学历也不高。身材不高，容易跟猥琐、促狭等字眼联在一起，比如要贬武植，就先把他的身材弄小，变成武大郎，然后一切就变得容易了。学历不高，容易跟无知、浅薄、短视、卑下、无能等联在一起。古人形容才俊，除了用"才高八斗，学富五车"这样的字眼外，还用"玉树临风"什么的，你说，让人惭愧不惭愧？可恼不可恼？

更可恼的是孔子的话，他说："惟上智与下愚不移"，这句话比法官宣判还可怕。初读时想不明白，他本人不也"吾少也贱，故多能鄙事"？他怎么就"移"了呢？后来读到王阳明对"惟上智与下愚不移"的注解，才一下子把一个死疙瘩给松开了，他说："不是不能移，只是不肯移。"

学历低，经师少，有惑无人解，久惑成愚。真愚了，就不肯移了。同样一块石头，在别人那儿是台阶，在你这儿却成了绊脚石。同样几根跨栏，在刘翔那儿成为凭借，在你这儿却成障碍。同样被骂，在有的人那里成为激励，在你这儿却成仇恨。诸如此类，不胜枚举。这即是"不肯移"的。

那么肯移怎么移呢？子曰："学而时习之"，当然是学。跟谁学呢？跟师学。谁是师？教我者为师。谁教我？谁肯教我？谁都肯教，只要你愿意学。不患无师，只患不学。**若是想学，时时有师，事事是师。比如好人行善，善者为师，楷模在前，是在教我。比如坏人作恶，他也在教，教我别这样做。好人的好，是告诉我们怎么做好人，坏人的坏，是告诉我们千万别做坏人。坏人无心做老师，老师是善学的人看出来**的。他是那位不要学费的老师。不但人，不但事，即便世间万物，只要你善学，又有哪样不是师呢？所以苏轼才作诗："溪声便是广长舌，山色无非清净身"，好的坏的不好不坏的，都在做示范给我们看，让我们看得清清楚楚，学得明明白白。从而一点一点撬动自己，使劲往上移。

子曰："三人行必有我师焉，择其善者而从之，其不善者而改之"，早知道有这句话，我就不说了。

标准

我刚开始写毛笔字时，朋友电话问："有宣纸吗？"我说有。"有砚台吗？"我说有。"有镇尺吗？"我说笔墨纸砚一切一切都有了，只缺一个书法家了。

韩羽先生乃先知者，他嘱咐我：字写不好，万不可送人。

我一直牢记着韩羽先生的话，问题是我书法水平低，尚不识好歹，写得其实并不好但偏偏觉得还不错，所以有人来索字，就将将就就马马虎虎秀才人情纸半张了。几年之后，突然间看到几年前的字，赫然挂在谁家的墙上，那真是羞惭无地，眼都不敢抬。

一粒子弹把自己击中，你能想到这是自己射出来的么？

前些日子在微信上看到曹羽老师说茶，说朋友送她一款茶，非常非常好，于是感慨：这么好的茶送我，怎么舍得喝呢。一时我就明白了，舍不得是一个标准。无论完成什么，必须到舍不得的程度才是。舍不得为什么是标准？因为自己喜欢。为什么自己喜欢？因为自己对自己是真诚的，是用了心的。正是真诚让人生爱惜。**把舍不得的东西送人，完成的不仅是别人也会喜欢，而且顺带着还把自己给超越了。**

听自己的

　　谁都想着让别人听自己的，可是自己却从来不听自己的。你肯定不这样认为，你以为别人听不听自己的且不论，自己还是听自己的吧？其实未必。

　　人是不该生气的，因为生气对自己不好，但是哪次的气你没生呢？不但生了，而且还觉得生得该当。还有，好多的饭局，你想去么？不想去的，也去了。不但去了，还喝了个头昏脑涨，吃了个沟满壕平。你听自己的了么？还有一些话，一些场合上的话，你本不想说，到底还是说了。不该吃的吃了，不该说的说了，你时常就这样拗着自己，你实在是没有听自己的。

　　想一想，你自己都不听自己的，还怎么能让别人听你的呢？

读书图

朝为田舍郎　暮登天子堂
将相本无种　男儿当自强

附加值

　　一张纸，价值没有几何，但在上面写上几笔，价值就不一样了。但也得看是谁写，若是齐白石画上几笔，是一价码，市里某画家画上几笔，则是另一价码。若是隔壁张三画上几笔，恐怕是连纸也废了，价码成了负价码。此即附加值。书画要的是附加值，纸墨成本值不得说。

　　人也是，人的五官五体五脏等，除了高低胖瘦，彼此是差不多的。人的分别也是在附加值上。比如孔夫子说句话，就被印在书上，世代流传。同样的话，王二也说过，但人们却不当回事。不是王二不对，也不是人们不对，是因为孔夫子整体在一个高境界里，而王二只是偶尔说对了一句话。

　　孔夫子的高，与王二的低，不在于他们说话与否，而在于他们的人格力量不同，气息不一样。

藏品

搞收藏的越来越多了，说明人们有了些闲钱，有闲钱就会买些闲物放着。但这些闲物却非等闲之物，一般说，有品位的，值钱的，而且日后还能增值的东西才能叫闲物。闲物，就是没用之物。世上的东西真是怪，不是越没用越值钱，而是越值钱越没用。

比如你吃饭用的那只碗，突然有行家看了说值十万块，肯定你立即就不用了，而是刷干净用软布包起来藏到橱柜里了。

书画也是，真的价值连城了，别说挂了，连看也难得看到，必得至亲至近的人来了，才在密室里打开，看上两眼马上卷起来。

好东西都这样，越好，越让人爱惜，好到极致，人就爱惜到极致。说到这里知道了，闲物不是没用，是舍不得用了。

想了想，人其实也是。人虽然不是物，但可拿物来比。我就见过一位中医，家里人一点粗活也不让他干，舍不得用他那手，那手只能用来号脉，粗糙了，再号脉就不准了。

动物与人比，人比动物高贵。高贵在于人有知见，知道什么是好，什么是不好。知道了这个，就知道怎么活了。换句话说，即活在方向里了。

人活在方向里，品质就会慢慢高起来，高到一定程度，人就成了闲人。所谓闲人，不一定是事闲，但肯定心闲。心思变得简单、宁静、庄严，到了这样一个状态，人就成了"藏品"。

铁皮石斛

有一出家师父送我一精致的盒子，我问是什么，他说回去打开看。回去打开看了：两小捆茅草根样的东西，曰中草药"铁皮石斛"。

中草药对我来说，意义不大。药再好，也不如不病。出于好奇，撅下一小节放在嘴里尝了尝，以为是苦的，结果不苦，微甘，有一点黏。但也不敢再吃。

正好这天有朋友请吃饭，遂把此物带去，此物很鲜，说不定炒菜能用。

一位朋友见了，惊道：呀，这东西好贵呢！好的要一两万一斤！

当时即想，亏了拿了来，不然的话，放上几天石斛就会烂掉，它的最终归宿即是垃圾桶，珍贵的东西即被我糟践了。问题在于，糟践了它，也并不认为是糟践，因为无知。

无知太可怕了，错了不知是错，对了也不知是对，对错都在懵懂中。

一盒石斛也就罢了，谁知道我糟践过别的更珍贵的东西没有呢！东西也就罢了，我糟践过比东西更珍贵的吗？比如人，如果一个非常值得信赖、非常有价值的人，被我忽略了呢？这损失不就大了吗？再想，自己呢？自己是什么呢？佛说一切众生是佛，孟子曰人皆可以为尧舜，我即众生，我即人，那么我是不是把自己也糟践了呢？是不是把自己当成了挣钱的工具？是不是把自己当成了欲望的奴隶？哎呀，该是把自己糟践了也不知呀！这么一想，感到很可怕。

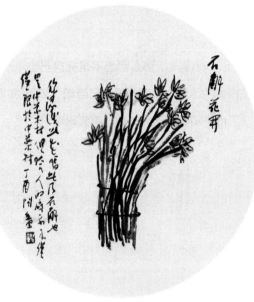

石斛花开

你认识此花吗？此乃石斛也，是中药材，
但给人的启示，不仅仅限于中药材

挂引号的"贼"

　　别说贼不好，这得看什么贼。偷人东西的贼不好，但挂了引号的"贼"就好。最近我写韩羽先生，有一章的标题即是：老而不死是为"贼"。别以为我不恭敬，恰是恭敬，才这样说。

　　韩羽先生人生中，有一个一以贯之的东西，就是"贼"。贼者，善偷也。他偷什么了？他的学问是"偷"来的，他的时间是"偷"来的，其实他的整个人生也是"偷"来的，你想，在整个社会都伤痕累累的背景下，惊涛骇浪中，他能够囫囵个儿走过来，靠的就是个"贼"字。他的"贼"，是为了保命，不是他的命重要，是他有一个比命还重要的东西，这便是他的绘画。

　　他把自己"偷"出来画画儿，画儿画好了，读者就被他吸引了。所以我说他是：善偷心者也。

一回事

　　窗外雨很大，现在有天气预报，在古代则要占卜。甲骨文中有一则占雨的卜辞是这样的："癸卯卜。今日雨。其自西来雨。其自东来雨。其自北来雨。其自南来雨。"那时没有标点符号，点句号是这样，若是点问号呢，意思就变了。不管意思，单这卜辞就特好。

　　农耕时代，天离人近，或晴或雨，人们看得重。现在的人往往不知天，以为离开天照样活得好。其实错了，雾霾就是人疏远了天的结果。**古人讲天人合一，我们曾经以为很可笑，其实很科学，是一种系统论。**

　　前年到湖南药山去，为什么到药山？是因为药山惟俨禅师有一公案。时在唐代，朗州刺史李翱来参谒禅师，禅师用手指了指天，又指了指脚下的净瓶，问："会么？"李翱默然。禅师道："云在青天水在瓶。"李翱遂作诗曰："炼得身形似鹤形，千株松下两函经。我来问道无余说，云在青天水在瓶。"这公案也真好。我去的那天一直在下雨，天地连在一起，突然想到天上云与瓶中水竟然是一回事。

层次

　　眼睛看到的世界是虚幻的，为什么？因为人眼靠不住。同样一个东西，有人说好，有人说不好，有人说长，有人说短，有人说真，有人说假，一人一个标准。**好与不好，不在东西那儿，在人的认知上。**有本来好的，我们却认为不好，甚至很坏。有坏的，我们却认为不坏，甚至很好。

　　比如当年，曾经有口号：宁要社会主义的草，不要资本主义的苗。草和苗是这么分的吗？比如牛黄与牛粪在一起，拾粪老汉拾牛粪却不拾牛黄。不是牛黄不好，是老汉不认识牛黄。据说吴冠中流落到民间的一幅画，被一老汉一点点卷烟抽了。吴冠中的画在你那里值钱，在他这里只能勉强当抽烟纸。**蝴蝶蜜蜂知道鲜花好，但蛆虫苍蝇却感觉垃圾不坏。**这样一来，世界就分了层次。

本分事

女儿要出嫁，临行前，妈妈郑重嘱咐："到了婆家之后，不要做好事。"是正经主儿，父慈子孝的那种，又是这样的庄重时刻，妈妈怎么说出这样的话来？女儿想来想去想不明白，只好问妈妈："不做好事，难道能做坏事？"妈妈道："好事都不能做，还能做坏事？！"

我们都愿意当好人做好事，好不好呢？当然好，如那位女儿所问，不做好人难道做坏人？不做好事难道做坏事？但往深处一想，其实是没有好人坏人和好事坏事这一说的。为什么？因为人就应该是人，人就该做人事。坏事不是人做的，人做坏事时就已经不是人了。没有了坏事，哪里有好事。没有了坏人，哪里有好人。

妈妈的意思就是在说这个：做媳妇，孝敬公婆、和睦妯娌、相夫教子、尊重邻里，是应该的，不是做给谁看的，不是在做好事，是在做本分事。若是当好事做，就有可能在公婆面前邀宠，妯娌面前逞能，丈夫面前摆样子。

人做事，就应该做本分事，若是把事当成好事做，肯定就已经有想法了。有想法了，就已经不纯粹了。不纯粹，人就已经假了。

风景不在别处

　　山本无名，因为画家老周住在山上，遂称之为周公山。

　　那年我到山上去，是个晚上，突然有一轮大大的月亮从山隈里吐出来，金黄色。人是在闲下来的时候才能看到月亮的。或者这么说，人是在闲下来的时候才会发现自己的。因为人忙的时候，整个心是在事情上，或者在别人那里，或者在什么目标上。心在那里，人在这里，人心分离，所以人会累。

　　因此，人必须闲下来，也只有闲下来，才能欣赏到原来没有欣赏到的，其中包括风景，更包括自己。**我们好像从来没有时间来欣赏一下自己，其实自己才是最好的"风景"。**

救蚁图

英雄

　　几年前古柳的一首诗，让我震撼。诗的内容是一群孩子在水边用芦苇救蚂蚁。小孩子没有想什么，他们只是在做一件事，他们觉得应该。这个时候，孩子们已经是英雄，**没有想着做英雄才真的是英雄。英雄恰恰是平凡的，甘于平凡就已经有了几分英雄气。**

　　英雄有救人的，有救难的，比如当年的欧阳海、刘英俊……比如汶川大地震时各地的救援，比如2020年武汉疫情暴发时以钟南山为代表的成千上万的逆行者，这么说吧，凡是舍身忘我救苦救难的人都是英雄。事后，媒体采访的时候，往往会问动机。因此有好多的"动机"就出来了，思想基础也有了。其实，人在做这样的事的时候，是用不着想的，一想，就已经有目的了。有了目的的事，就已经离本分远了。

　　孩子救蚂蚁，菩萨度众生，都是在做本分事。**本分事就是应该的事，应该的事是每个人都该做的，都能做的。恰恰好多人做不来，做来的人也就成了英雄。**

白居易访禅

唐朝道林禅师，幽居深山，住在树上，人称鸟窠禅师。一日，杭州太守白居易进山参谒鸟窠禅师，见其居树上，惊道："师居甚险！"禅师曰："太守险甚。"白居易一惊，当下就明白了。他以诗问曰："特入空门问苦空，敢将禅事问禅翁。为当梦是浮生事，为复浮生是梦中。"禅师以偈答曰："来时无迹去无踪，去与来时事一同。何须更问浮生事，只此浮生是梦中。"

人生是个险，人生的险是随时随地的。战争不说，瘟疫不说，自然灾害不说，单说车祸一项，每年死伤多少！幸福与灾祸往往就在一刹那。

有祸作背景，福就不是永久的；有死在前头，生就是不牢靠的。这种状态怎么样才能脱开？只能靠觉悟。

访禅图

你居官，我住山，惯学鸟儿栖树巅。
你说我危险，我说你危险，不知咱俩谁危险。

等式

佛家讲因果。其实不是佛家讲因果，是因为有因果佛家才讲。

所谓因果，就是因为所以。因为那样，所以导致这样。这中间无论多曲折多复杂，其实是有因果律、因果链的。没有没有原因的结果，也没有没有结果的原因。就像一首歌里唱的："种下一粒籽，发了一棵芽。"发芽、长茎、开花、结果。芽是籽的果，籽是芽的因；茎是芽的果，芽是茎的因；花是茎的果，茎是花的因；果是花的果，花是果的因，最后果又是籽的因，籽又成了果的果。因与果、果与因，这中间就这样相连相递。

这也好比一则四则复合算术题，加减乘除混在一起，一层层算式拖下来，最后有个得数。等号两边永远是相等的。那边做减法、除法，得数必定少；那边做加法、乘法，得数必然多。若想得数多，就得多加多乘；若想避免负数，那边就得避免减与除。

小学生数学学的其实是这个。

小学生能做对，大人往往做不对。

养光明

八月的月亮最好，为什么？因为天高气爽，能见度高，因此月亮看着好。其实月亮从来没有不好过，是眼睛把人骗了。人却愿意被骗，不是愿意被骗，是除了眼睛之外，我们还不能用心看东西。

天空有月亮与没有月亮，那就不是一个天空。那年我在山上看到一轮月亮真是大极了，大到让人惊。多少年我忘不了那轮月亮。我们的心灵也是天空，也需要一轮月来照耀。

人的认知的高与低缘于心里有没有光，有多少光。如果心地黯淡，人就愚昧了；如果心地光明，人就聪慧了。知道了这个，就知道怎么办了，在心里养光明吧，太阳当然好，月亮也好，即是星斗也好，或者点亮一盏灯，都好。有光就比没有光好，光多就比光少好。

怎么养呢？恭敬些，清静些，干净些就是了。

闲与雅

人人知道雅的好，只是没有时间雅。人人知道闲的好，只有没有时间闲。闲才能雅。一位朋友说得更彻底："事是忙出来的，而文化是闲出来的。"

所谓高古，也是在闲静上，因闲静而高雅，闲雅之境，即古之境。每每叹人心不古，也是从闲静上说的。闲静与贪欲不相容。贪欲心起，则闲静死。闲静一死，则艺术死。艺术一死，则人性死。人性一死，则大祸致矣。

鸟与人

一天在路上，看到了一只鸟和一个人。

鸟是脱笼鸟，人是养鸟人。

鸟不知怎么就出了鸟笼，但它并不飞远，只是栖在枝头上望着养鸟人。养鸟人站在树下，手提空鸟笼，嘬着嘴，召唤鸟归笼。看了人的那个样子，你就懂得了什么叫献媚了。

鸟与人对峙，不即不离，若即若离。

鸟很会掌握分寸，就那样看着人表演。如果鸟箭样飞走，人的脸肯定要挂下来；如果鸟飞回鸟笼，人的脸能高兴到底吗？待他插牢鸟笼之后，那脸肯定就成了座山雕样。

一只小鸟就可以把人玩出花样来。

技术问题

　　曾经我去修自行车，换了全部的辐条。编辐条很讲究，弄不好就错了，别说多错，错一根也不行。而且每根辐条的松紧度必须调试好，若不均衡，车圈就会"龙"。我见修车师傅技术娴熟，禁不住赞一句：您技术真好。他却说：对我来讲，这不是技术，只是手头的活儿。

　　这位师傅好厉害。技术，是对没技术的人说的。好比人在北京，还有到北京怎么走的问题吗？

咳一声

　　曾有一大户人家，上上下下几十口人，却从来不吵嘴。当家的是一老者，没见老者发过脾气，而且说话少。遇到谁跟谁吵嘴，他使劲咳一声，吵嘴声立即消停。

　　我想不明白其中的道理，后来读到一则公案，遂明白了。

　　僧问灵云志勤禅师："久战沙场，为什么功名不就？"志勤禅师道："君王有道三边静，何劳万里筑长城。"

　　咳一声只是形式。

惭愧

岁月如流水，空遗满头霜，思来真是惭愧！古人"吾日三省吾身"，能及时调整方向或者心态，弯路少，犯错少，应该惭愧也少。但也不一定，也许是该惭愧的不一定惭愧，不该惭愧的倒很惭愧。

比如弘一法师，无论是世间的成就还是出世间的成就，都了不起。出家之前，"二十文章惊海内"，诗词、书法、绘画、音乐、演戏……无所不能，"梨花淡白菜花黄，柳花委地芥花香；莺啼陌上人归去，花外疏钟送夕阳"，随便一首诗，就能好到这样。功成名就，绚烂至极，可是一入佛门，立即断了俗缘。他严守戒律，一丝不苟；超凡拔尘，一丝不挂。二十四年如一日，被尊为"南山律宗第十一代祖师"。

这样一个人，到老年，却自号"二一老人"。何谓"二一"？即苏轼的"一事无成人渐老"和吴梅村的"一钱不值何消说"，他借此来概括自己，将大成就看破，只剩大惭愧。

相对于弘一法师，我们又当怎样？

对己为惭，对他为愧。我们这些庸碌之辈，即便一日庸碌，即已经对不住自己，何况日日庸碌！若是连自己都对不住，更何谈对得住他人？所以，往深处里想，没有不该惭愧的。不跟谁比，连自己的过去

板凳要坐十年冷
文章不著一句空

也不比，只对当下的自己，反思了再反思，看看惭在何处？愧在何人？只有这样时时提示与观照，也许才能救得自己。

把自己弄丢了

听说过有谁把自己弄丢了的吗？还真有。

在我小时候，我们村就发生了这样一件事：一个老者把自己弄丢了。老者叫马云魁，外村人，老了才来女儿家寄居。马云魁一来，等于我们村突然多出了一个人，一村子的人都感到新鲜。

这天马云魁来到村北，遇到了拾粪的五爷。马云魁说："我打听一个人。"五爷问："谁？"马云魁说："见没见到马云魁？"五爷愣了："你不是马云魁？"马云魁说："我不是，马云魁丢了。"五爷问："那你是谁？"马云魁说："我也不知道我是谁。"

很快，全村人都知道马云魁疯了。

现在想，我们是不是也经常把自己弄丢了呢？

仔细想想，是有的。

比如生气的时候，平和的那个我丢了；匆忙的时候，从容的那个我丢了；浑浊的时候，明净的那个我丢了；低贱的时候，高尚的那个我丢了；狭隘的时候，宽厚的那个我丢了；愚痴的时候，聪慧的那个我丢了；生病的时候，健康的那个我丢了。

发现自己

生金与生气

　　老家的一位朋友卢国欣，事业做得很大，取得了很好的成就。三十年总结的时候，好多人发言。一个基本经验，即是与人合作，因此还出了一本书叫做《合作生金》。

　　都说买卖好做，伙计难搭，为什么他就能合作生金，而别人合作就生气呢？

　　想了想，明白了，自己与自己合作就生金，自己与别人合作就生气。

　　真诚与人合作，有了利益先想到别人，你真心把别人当成自己，别人也会把你当成他自己。你为他想，他为你想，双方都朝事业上想，当然能想到一块，所以生财。如果把别人当别人，别人也拿你当别人，别人与别人合作，都想占对方便宜，最后谁也占不到便宜，而且会闹不愉快，所以生气。

角色

小时候看戏：《斩窦娥》，一个背后插着斩标的小媳妇边唱边哭。她在台上哭，好多人在台下哭，我看到有一位老太太，哭得特伤心。

大了之后知道，戏台上的窦娥不是真窦娥，她不过是一个角色。她的哭，是装出来的，不是真哭。虽不是真哭，却又比真哭还打动人。

为什么能打动人？

因为一切都在分寸里。所以演员不入戏不行，入戏太深也不行。设想一下，如果窦娥上台来哭得稀里哗啦，那台下的人说不定反而笑了。

在生活里也一样，每个人其实都是角色，在家里有家里的角色，在外面有外面的角色。角色的根本就是能把握分寸，知道自己的责任和担当在哪儿。

智慧与财

何谓财富？有用即财富。何谓灾祸？障碍即灾祸。财富与灾祸有时是同一个东西，是财富还是灾祸，在于能不能用智慧来观照。

观察一下就会明白，你看所有的事物，都是在光明中才能看到，看到的才有用。若是在黑暗中，有还是有，却不能用了，非但不能用，还是障碍，还是灾祸。比如水井，光明中可济人，若在暗中，即成陷阱。一只凳子，在光明中，你能用它，若在暗中，有可能绊脚。其他事物都是这样。而且，光明多，可见可用的财富即多，光明少，可见可用的东西就少。日月所照与灯光所照不同，灯光所照与萤火所照不同。所照不同，效用就不一样。反过来也一样，黑暗越多、越重，障碍或灾祸也就越大。因此可以说，一分光明，一分受用，十分光明，十分受用。一分黑暗，一分阻碍，十分黑暗，十分灾祸。智即是光，财即是用。若没有用，也不是财。智能生财，财以济智。

但智慧怎么得呢？即在用心上得。心若广大，烦恼就少了，烦恼少了，智慧就生了。智慧生了，光明就有了，光明有了，财富就得了。

大厨

　　一位朋友开饭店，却把大厨辞了，且也不再聘请大厨。这位大厨技术好，但不够用心。而做饭这活是个用心的活，如果不用心，技术再好似也不管用。辞了大厨之后，一般厨师上灶，或者不是厨师的人上灶。这些人上灶的结果是，饭菜味道很好，顾客越来越多。

　　明摆着，这些人的做饭技术远远不如大厨，但饭菜的滋味却比大厨的好，什么原因呢？盖在于用心。他们做饭的标准是，这饭是做给自己的爹妈吃的，是做给自己的儿女吃的，如果能给他们吃，才能给顾客吃。这样做饭时，能随便加这素那素、这精那精么？能不用心么？这样，该加的作料之外，再加一味作料，那就是爱意、真心。

　　真心这一味料，鲜极美极，是所有的作料里没有的。

太极之诗

对　待

读《宋稗类钞》，觉得宋太祖赵匡胤真有过人之处，比如派人去见南唐特使徐铉那事就很绝妙。不战而屈人之兵，让一个不识字的把学问极大口才极好的徐铉打败了，且徐铉到最后也不知怎么败的。

韩羽先生画过宋太祖派出去的这位使者：衣冠楚楚一个人，却没画嘴。这画也极高明，此人肯定有嘴，却没画嘴。没嘴恰是他的嘴。

凡事一来一往，都有对待。一般的对待是，你进我亦进，你退我亦退。你坏我更坏，你好我更好。比着来。这比着来，等于让对方抻着走了。无论在任何情况下，若能守着自己，不让外人夺了境去，再对待起来，肯定就不一样了。

乌鸦嘴

　　小时候读的课文有一篇《乌鸦喝水》，说尽乌鸦的聪明。但还有一篇《乌鸦与狐狸》，狐狸把乌鸦叼着的一块肉给骗走了。可见乌鸦聪明但不狡猾。但人们却喜欢喜鹊而讨厌乌鸦，因为喜鹊报喜，乌鸦报忧。

　　喜鹊叫，人就高兴，报以笑脸，给它喂米。乌鸦叫，人就烦恼，拿土块投它，用恶语骂它。果然晦气了，就把晦气的账算在乌鸦身上。问题是，晦气是乌鸦叫来的吗？

　　乌鸦的先知先觉，乌鸦的忠诚，招来的却是人的误解和詈骂，可见人是愚的。

　　古往今来，大大小小，好多好多乌鸦嘴。能听乌鸦一声叫，多少灾祸得免除！真应该感谢乌鸦嘴。

大师

有一移山大师，教授移山大法，好多人慕名而来。大师先让这些弟子们学三年文，再学三年武。文韬武略都掌握了之后，这天大师传授移山大法。

大师白须白发，在山左跏趺而坐。弟子们与大师面对面，也是两腿双盘，五心朝天。

大师正襟危坐，口中念念有词。弟子们静静地看着师父，也看着那座山，看它怎么在师父的神通里移动。

一刻钟后，大师起身，将身移到山右，依旧姿坐下，依然肃颜铁面。一刻钟后，大师起身，郑重宣布："移山毕！"

所有的弟子都愣在那里。

师父开口说话。他说："世界上本没有移山大法，更没有什么移山大师，唯一的办法就是：山不过来，我过去！"

果然大师，也果然大法。

苹果

　　我家有一个苹果园，我爹我弟是主人。每到秋天，果实压低了树枝。静谧中，会有某个苹果"叭"的一声，落到地上，有时甚至会砸了黄狗的腰。我猜想，大概就是在这种情形下，牛顿灵机一动发现了万有引力。

　　苹果落地，是一机。"机"后面还须有个"会"。

　　一个苹果落地，是机。牛顿看了，发现了万有引力，是会。一个苹果落地，我爹由此想到市场，于是忙着编筐，也是会；有人灵机一动，给自己的手机起名叫"苹果"，也是会；有人因此想到苹果里的虫儿，于是创作出一部动画片《果园》，也是会。而狗只会跳开，而跳开也是会。机有一个，会有好多。好比太阳是机，万物则是会。河水把太阳留在河里，而聚光镜则把太阳变成火，花见日而开，而豆见日则成荚。天地之间，天天发生的事无非是这个。

　　有一句话说："机会是留给有准备的人的。"也是说的这个。因此不要抱怨，不是生不逢时，不是天上没馅饼，是机来了，见不到；见到了，不以为是。

门

　　人生在世，怕的是碰壁，希望的是门路。因此家也称门户，无门无户，里不通外亦不通，就闭塞了。天堂亦是，有一道窄门可通。不是门窄，是只有独具慧眼的人才认识这个门。多数的人不认识，随着大溜走，结果把地狱的门都挤宽了。禅宗通透，除门去户，因此有无门关。**无门也是门，只是大到无边。**说："若是个汉不顾危亡，单刀直入，八臂哪吒也拦他不住。"

　　宽门、窄门、大门、小门，开哪扇门，进哪间屋，就看自己智慧了。

垃圾与珠宝

垃圾分类始于上海。每天在规定时间居民们提着垃圾袋子来交垃圾，工作人员问："你什么垃圾？"

无论什么垃圾，但凡是垃圾，不是倒进这个垃圾桶，就是倒进那个垃圾桶。

若是珠宝就不是这待遇，珠宝的待遇是，不在这个宝盒里，就在那个宝盒里。

有没有把珠宝丢进垃圾桶里的？有。但那肯定是丢错了。

因此，人只能提升自己，而不要抱怨。

没关系

　　爱因斯坦初到纽约，身上总穿一件破旧大衣，有朋友劝他穿好一点。他说："没必要，这里也没有人认识我。"几年后，朋友再见爱因斯坦，发现他依然穿着那件破旧大衣，便劝他换件新的。爱因斯坦说："没必要，在纽约，谁不认识我呢？"

　　其实不在认识不认识，在于爱因斯坦始终活在自己这里。

不要圈子

　　老师出一道智力测验题，用几根竹竿圈一个圆，怎么才能把圆圈到最大。有人说围着太平洋圈一个圈，有人说沿着赤道圈出半个地球。老师以为还不够大。这时有个学生说，围着自己前后左右插几根竹竿，然后宣布我在圈外。老师认定，这个圈是最大的了。

　　的确这是个最大的圈子，但也是个最小的圈子。除开自己，看外面，外面是大的。除开外面看自己，自己是小的。但是自己与世界是分不开的，如果分开，我与世界则都没了意义。只能是把自己扩大，扩大成一个世界，自己与世界一体，不要圈子。

第二辑

关键时刻

所谓关键时刻，其实不一定在关键处，也许恰是在最平实最稀松处。但人却往往不注重这个，以为没什么，真到了关键处，这没什么就成了有什么，但那时后悔就晚了。

发财法

人人都在忙。

目的是什么呢？是挣钱么？忙就能挣来钱么？我见有好多人忙的结果是赔。不但赔钱，有的把身体也搭进去了。可见，忙不忙，不是挣钱不挣钱的原因。

一位朋友问我，该怎么活着才好？我答他：**守着自己坐会儿，看着别人乐会儿。人生不过一会儿，不可耽搁半会儿。**

他"哦"了一声，就坐着去了。这是错会了我的意思。我说的是心，不是事。"守着自己坐会儿"，乃心灵安稳。"看着别人乐会儿"，乃心灵宽大。

一个忙乱的、烦恼的自己，是绝对发不了财的。不见鸟落静树、鱼藏深池？安详生智慧，智慧照钱财。钱财若失去智慧的观照，就不是钱财了，有时甚至是祸了。

在"守着自己坐会儿"的同时，"看着别人乐会儿"，多会儿你能看着别人乐了，也就证明你能够守住自己了。

看着别人乐会儿，不仅仅是看着亲人或者朋友乐，是看着所有的人都乐，包括冤家对头，你能看着他们乐，你就已经是大富豪了。

爱他即给他自由

　　《世说新语》载支公好鹤故事：有人送支公两只鹤。鹤想飞，支公就让人剪了羽翎。那鹤每每顾翅垂头，却难以掀动羽翎。支公看了感慨道："既有凌霄之姿，哪里肯让人弄着玩！"待羽翎丰满之后，就让它们飞走了。

　　飞与不飞，不过是鹤，但支公联想到的是生命本质。

　　爱他即给他自由，这才是真爱。无论夫妻之间，还是父母与孩子之间，若是真爱，就一定给对方自由。

　　别担心对方会散漫，不是这样的，恰是你不管他时，他自己便管了。你相信他，他也便相信你。你尊重他，他也便尊重你。你把他当成了自己，他便真的成了你自己。你自己在你这里，他自己在他那里，两个人两个世界，两个世界组成一个大世界，而不是两个人挤在一个小世界里。其状态是，同中有异，异中有同，相得相宜，相互成就。这才是真的爱的关系。

你幸福吗？

　　这一问句曾经出现在电视上，电视台记者到处去问人：你幸福么？但这一句恰是没有答案。幸福是一种感觉，没有尺度可量。说有钱幸福的，恰是因为没钱而烦恼。**有所求时，以为得到了即是幸福，但真得到了，也未必就幸福。**人世无常，苦为底色，即便有幸福，却也是暂时的不痛苦而已。

　　既然苦为底色，我倒有一个幸福的好方子。那就是以苦为乐，认可认可，一认便可。比方说老婆丑，比起王老五来，你毕竟还多了一个丑老婆。这样一想，就认了，一认了，倒觉得也不那么丑了。因为丑俊的标准是根据认可度来的。为什么儿不嫌母丑？就是因为没得选择，认定了。认可是一个，再深一步，就是享受。

　　就像禅师说的，淡有淡味，咸有咸味。所有的经历都是好的。冬天了就享受凉快，夏天了就享受温暖，不也好？

慎读书

都说读书好，我说慎读书。因为有不好的书。不好的书不如不读。

书乃高人所留。高人不是随时有，即便有也不见得能遇到。书便是不死的高人，也是不走的高人。有了好书，就等于你也混在了高人堆里。混着混着，你也就高了。

我画了一幅《钟馗读书图》，韩羽先生看了，说："读书好画，使劲读书不好画。你这是使劲在读书。"他当然是在鼓励我。使劲也好，不使劲也好，读书便好。

后来我又画了几幅《钟馗读书图》，题曰："一日不用功，就会被鬼蒙。"

钟馗读书图

倒骑毛驴

那年从石家庄徒步向五台山，走到平山境内的霍宾台，附近有驴山，传说张果老曾在此修道。张果老是骑毛驴的，骑毛驴不新奇，新奇的是倒骑。

人总是被欲望所驱使，往往把目的当成了唯一，为了目的，就把自己忘了。把自己忘了的目的即便得到能会是好的么？

大概正是在此意义上，张果老才倒骑毛驴，他不注重目的，而是注重自己，往后看，后边的不是欲望，不能驱使他，因此他能清醒地观照自己。

我们能不能学学张果老呢？

你前进我后退
你知明我知昧

桃花煞

夜得一梦，一女人肚痛，用桃花瓣贴在腹部的几个穴位上，痛即止。穴位的名字忘记了，只记得一个"正红"。醒来想，其实是没有这样的穴位名字的。

肚痛，用桃花瓣来贴，这样的事也只有梦里有。虽然是梦，也觉得有意思。

张旭有《肚痛帖》，帖里说肚痛可服"大黄汤"，而没有说桃花。若有桃花，是不是会更好？

桃花好，清丽却朴实，不像杏花，有轻薄相。杏花代表早春，只有桃花开了，春天才真的旺起来。杏子发酸，大概跟杏花的轻薄有关；而桃子总是汁多而甜软，呈现的也是桃花的朴厚之质。

桃花说来总是好，但也有不好，比如"桃花煞"，说人的命里如果遇到"桃花煞"，就麻烦。"桃花煞"，是指男人说，男人遇到女人，即是交"桃花运"，"桃花运"没有不好，但"桃花煞"就不好，或者说很不好，是因为女人而生灾祸。

你看一些贪官，贪财的同时也贪色，色即是"桃花煞"。财一条绳，色一条绳，两根绳子套在脖子上，逃也逃不开。

以桃花来喻女人，是因为桃花好。以"桃花煞"来说女祸，是因为男人贪了好。

坏没人喜欢，人总是喜欢好。喜欢好可以，但不可贪。贪了好，即是不好。

松鹤图

树与鸟，不过树与鸟，不该有分别，但却有分别。树的层次与鸟的层次，应该跟人的层次一样繁复。从外表来看，人并不复杂，不过外五体，内五脏。但细看则复杂了，复杂到不可说。单就一张脸，世界上几十亿人，应该说没有相同的两副面孔。为什么人脸个个不同？是因为人心不同。脸与心其实是连着的，"人心不同，各如其面"。这句话应该反过来说：人面不同，各如其心。

树与鸟也一样，分高低好坏。标准何在？靠人来分。于人有益的就是好的，否则就不好。但这好坏，也因人而异。有你以为不好，他偏以为好的，有他以为不错，你以为不怎么样的。这里不细分，只说大概。以树来说，松柏则好，梅兰竹菊也好。鸟也是，喜鹊就好，乌鸦就不好；鹤好，猫头鹰就不好。最好的当属凤凰，"凤鸟不至，河不出图，吾已矣夫！"看不到凤鸟，连圣人都感到悲哀。

树的好，鸟的好，其实是人的好，人把好附会在物上。

画家喜欢画《松鹤图》，如今我也来画，借此祝福好人好树好鸟。

人与驴

　　人和驴的关系一直很亲密，因为驴可以被人使役，且吃得少，不易得病，好养活。还有一样即是灵便，以赶路说，长途用马，短途用驴；以种地论，重活用牛，轻活用驴；以作诗论，唐人骑马，宋人骑驴。唐诗所以灵性、郑重，宋词则细腻、鲜活。"良骏逐风天地阔"与"细雨骑驴入剑门"，都有意思。过去民间办喜事，也是新郎骑马，新娘骑驴，分别象征阳刚与温柔。

　　但驴也有问题，即是犟。它若是犟起来，也很难对付。"黔之驴"里显示出了它犟的一面，死踢。

　　我说驴，是想说人与事物间的态度。把驴使好，不能让它犟。一切事物如驴，得顺着它。真顺着了，它就成就了你，真逆着了，它就跟你犟。如果你跟它犟，肯定犟不过它。

　　善待一切，其中包括驴，也包括自己的犟性。

挣脱出来即自由

挣脱

马好画，但我画不好。画得跟韩干、李公麟、郎世宁、徐悲鸿的马一样是不是就好了？好是好，但是好到人家去了，不是自己的。不是自己的，画它作甚？

但我画了，也果然画的不是自己的。自己的在哪里？千呼万唤不出来。于是把画成的马用乱墨涂了，这一涂倒好了，马不是我的，这一涂却是我的。乱墨成了乱绳，马之羁绊。于是跋之曰："挣脱出来即自由。"一位朋友见了，说："送给我吧，这就是画的我，我就是这状态。"

马的悲剧就在于有羁绊，有了羁绊就没了马。人也如马，也不能有羁绊。人与马不同的是，马的羁绊有形，人的羁绊无相。马的羁绊多半是人给设置的，人的羁绊呢，却是自己弄的，自己缠绕自己，自己跟自己过不去，却又不自知，于是怨天尤人。怨天尤人的结果，是越挣扎越乱。

怎么办？自己结的结自己解，别在别处解，在自己这儿解。

自己的光明

老鼠是讨人厌的，因为妨碍到人。但在它那里，却没有讨人厌的故意，它是本能地活着。大概在它看来，倒是人妨碍它更多。但人是强者，它只能无可奈何。

老鼠有老鼠的好，比如它在夜间能看，我们则看不到。因为人眼有局限。人是借光来看的，借日光、借月光、借灯光、借种种光。人若离开光，则完全在黑暗里。

我曾想画十二生肖图，题给老鼠的词是：

心里没有暗，夜里也能看。

时时警醒

惜鱼

　　鱼在水里，是一种状态，鱼在涸辙，是一种状态，鱼在鱼肆，也是一种状态。哪种状态好呢？不用问鱼，人也知道。当年，庄子与惠子在濠梁之上，曾经对水里的鱼发表看法：庄子说鱼很快乐。惠子诘问："子非鱼，安知鱼之乐？"惠子错了，若想知鱼，难道非得自己变成鱼么？

　　懂得自己，也就懂得了世界。

　　鱼在水里，是一种本然，鱼本该在水里，鱼若在天上飞，那就是鸟了。鱼若不在水里，肯定是悲剧。问题是鱼认识到了这点没有。如果鱼认识到了，那就会老老实实高高兴兴在水里待着，因为没有比水里更好的地方了。沟渎里的鱼，可以有江湖之想，不可有高山之念。

　　但是有好多鱼，到底是离开水了。离开水的原因，是被引诱了。比如饵料。鱼钩上的那点饵料是很有限的，但是为什么却被引诱了呢？关键在鱼没有认识到水的重要，它感觉到水里好像很难遇到这样大的饵，于是奋不顾身，也奋不顾水了。结局是谁都知道的，只有鱼不知道。待鱼知道之后，已经晚了。

锦上添花

朱赞皇《咏牡丹》："漫道此花真富贵，有谁来看未开时。"朱赞皇错了，牡丹之所以是牡丹，是必须耐得住寂寞，经得起苦寒，世人看的即是牡丹开，牡丹若不开，则枉称牡丹，别怪人不看。

世上的事往往如此，逢到好，好多的好都来；逢到不好，好多的不好都来，从来不平均，用老百姓的话说就是："越长越接，越短越截"。

多点雪里送炭岂不是好？

也真有雪里送炭的，但是有好多被救助的贫困者，多年之后，贫困依然。

不是贫困者不可救，是有贫困心者不可救。

人贫，不是贫困在物质上，而是贫在心上，没志气。若是心贫，即无可救药。若是心不贫，如一粒幼芽，也许只一点点水，便可茂然成株。

这一点点水，其实是锦上添花。

人心若不是锦，那么，添的也肯定不是花。

太极

我喜欢太极拳，它那种从容，那种沉寂，那种不动声色而又能化敌于无形，每每让人感叹。

太极不是拳，而是文化。也不是文化，而是心灵。

别的拳是紧的，太极是松的；别的拳是攻或者防的，太极是化的。曾有拳师告诉我太极妙要：来多少，让多少；要多少，给多少。这已经把太极说明白了。**你来，我让；你要，我给。且是来多少，让多少；要多少，给多少。**让到极限，你不让对方倒地，对方却自己倒地了；给到极限，你依然还在给，对方却不要了。他死了。对方的死，不是谁要他死，是他自己死。他死在不明白里。若是明白，他恰就活了。太极是让人活的，处处告诉你活法。但你恰恰死了，死在不悟。

永年广府城有杨露禅与武禹襄当年故居，二位都是太极大师。杨露禅当年被誉为"杨无敌"；武家院子里则有门联："**站稳脚跟耸起脊；拓开眼界放平心。**"

"杨无敌"，乃仁者无敌之意，是把所有的对立都化了，拳心即仁心。

而武家门联，也是在说同一个意思。

太极图

世界不在你那边，世界也没在我这边，
世界也没在他那边，世界只是这样，
谁拥抱是谁的，谁喜欢是谁的。

上苍与下民

有一位叫新民的朋友索字，我拟了一副联给他：旧月仍然新月；天听自我民听。

天上有月，这轮月让好多人发浩叹。李白有诗："青天有月来几时，我今停杯一问之。"我也为此画《赏月图》，跋之曰："天上一个月，水里一个月，此是一个月，还是多个月？若是一个月，因何处处见？若是多个月，因何同时现？"

人，正是因为日月照着，才活得好。

虽然都在光明里活着，但好多人活得并不光明，有好多苦，好多难，好多不如意。国家治理的根本目标，就是让老百姓都过上好日子。如果让老百姓都过上好日子，就得听民意。古代有皇上，称为天子，唯天是听。人间有灾难，以为是天谴，因此祈告于天，得求天启。但是真正的天在哪里呢？其实是在老百姓这里。民即天，民的意思就是天的意思。民听与天听，是一回事。得罪了民，即得罪了天。

自缚

葫芦、葡萄等蔓生植物，喜欢缠绕。为了缠绕，蔓上还生须。白天竖起一根杆，夜里，藤蔓就懂得朝那个方向努力了。

蔓生植物，纠缠是本性，但它们纠缠的目的，是伸展自己。

韩羽先生画《自缚图》：偌大一个葫芦，被藤、须所缠。有人告诉韩羽先生：你画得不对，葫芦从来不缠绕自己。韩羽先生说：葫芦是不缠绕自己，可是人呢？

人的所有的过不去，都是自己跟自己过不去。人若是自己不缠绕自己，还有谁能奈何？

两株树

那天画柏树，画了棵直的，画了棵弯的。一直一弯，好像也就把所有的柏树说尽了。柏树好画，词不好题，想了想，题道："两株古柏树，一直一弯曲。直者是我友，曲者是吾师。"

柏树想直着长，果然就直着长了，长成参天大树。真是好。

柏树不想弯着长，却长得很弯。没有故意长弯的柏树，是没办法才这样的。现实如此，或者因为地质条件不好，石硬土薄，扎根很难；或者因为气候条件不好，风刀霜剑，电灼雷劈；或者因为环境不好，绝壁悬崖，鸟兽不栖……反正是一系列的不如意，才造成柏树的不如意。

不如意的不只柏树，还有人。其实，也只有人知道不如意。柏树不知。柏树的不如意也是人看出来的。

不如意，是人生的本来。不是人不如意，是人想要的如意太多，反而不如意了。

谁最疼

　　被石头砸了脚，谁疼？当然是砸着谁谁疼，可是那个最疼的却不一定是他。

　　有个故事专门讲这个：儿子在娘身边长大，大了之后随了媳妇去。媳妇病笃，需要婆婆的心做药引子。儿子为了媳妇，回家跟娘讨心。娘二话不说，立即把心剖给了儿子。儿子捧着娘的心，急着朝回走。走着走着，突然绊了一跤，把娘的心摔出老远。儿子赶紧去捧心，只听心说："摔疼了么，我的儿！"

　　答案有了，被石头砸了脚，最疼你的那个人最疼。

　　因此，不要以为是自己的脚，就可以随便砸！

鸡与凤凰

凤凰与鸡

凤凰与鸡，区别在羽毛。羽毛重要，却不根本，根本的是凤凰会飞，而鸡不能。鸡若能飞，长期接受阳光的照耀和风的梳理，那羽毛说不定比凤凰的还要漂亮。

想象在远古时期，凤凰与鸡，还有鹦鹉、孔雀等，定然是在一起的，飞起来，天空一片华丽，落下来，地上五彩缤纷。后来就分层次了，鸡沦落到底层。当然有比鸡更低的，比如麻雀、鹌鹑等。之所以分层次，在于它们心灵的玄远程度。凤凰一直是"非梧桐不止，非练实不食，非醴泉不饮"，要的是那份干净。所以凤凰永远是凤凰。而鸡一开始也是好的，但是有了引诱之后，它把握不住，贪图有人提供的米，这一贪图，就再也飞不起来了。不飞的鸡还是鸡，但已经不是能与凤凰为伍的鸡了。

一旦有了贪图，就会被人牵制，砌个墙头，让它报晓；垒个鸡窝，让它生蛋。鸡吃了米，人就开始吃鸡。

凤凰在天空飞过，不知鸡作何想？

关键时刻

老家的屋墙上，还挂着一双草鞋。这是我少年时曾经穿过的一双鞋，当年父亲从集市上买来，我还记得父亲当年拎着它走在阳光里的情景。如今老父亲已过世多年，而草鞋还在！

与草鞋有关的，我知道的有这两件：

其一："赵州八十犹行脚，只因心头未悄然。及到归来无一事，始知空费草鞋钱。"没人知道赵州老和尚穿破了多少双草鞋。他行脚的目的是寻找自己，后来发现自己没在别处，于是感叹，枉费了草鞋钱。

其二：一个人修行不错，于是仙人化作一个卖草鞋的来考验他。这个人看到草鞋，问多少钱一双。仙人说：三两黄金。此人回家拿钱，被老婆骂了一顿，说你傻呀，一双草鞋，怎么能值那么多？这人回来，对仙人说：太贵了，这草鞋我不买了。于是仙人说："三两黄金价不高，草鞋做得甚坚牢。长者莫听婆婆说，也得仙家走一遭。"说完不见了。就像当年梁武帝见达摩，对面不相识，逢之不逢，见之不见。这个人后悔了，不由顿足捶胸。后来人为此事作诗道："昔世已曾植福田，今生自有大因缘。悭吝不舍神仙法，大悔捶胸也枉然。"

看来，在关键时刻，人真的不能太吝啬。但是，人又不知道什么时候是关键时刻，比如买草鞋这样最稀松平常的时刻，谁能说它不是关键时刻呢？为保险计，人在任何时候都得大度才行。

　　当初忘了问我父亲，我曾经穿过的这双草鞋，是多少钱买的呢？

鱼与网

　　鱼在水里游得好好的，突然被人用网网住，或者用钩钩住。这是鱼的命。鱼为什么是这样的命呢？因为它离不开网。如果没有人网它，它可能还很寂寞，觉得怪无聊，没有刺激。**好多人不都是这样么？日子过得好好的，却觉不到好。**于是去找刺激，刺激的地方很多呀，吃喝那里，赌桌那里，灯红酒绿那里，洗脚泡澡的那里，骗子那里，吸毒的那里等，结果呢？被网住了，挣也挣不开了，跑也跑不了了。

　　有人说幸福是一种感觉，我却说幸福是没有感觉。人在没有感觉的时候是最幸福的：牙不疼时感觉不到牙的存在，胃不疼时感觉不到胃的存在，鞋若是最合脚脚就几乎没感觉。因此，无论身体、家庭还是事业，最平淡的时候，好像最无聊，最没感觉，其实这恰恰是最幸福的时候。有的人受不了这种没感觉，于是找刺激，刺激有了，感觉来了，麻烦也就来了。

　　感觉这种没感觉，享受平淡，幸福就会永远跟着你。

　　说鱼呢，怎么说到人这里来了？赶紧打住。

自美图

人看人，多是看脸，脸是人的门面。因此人有美的东西，多是在头脸上下功夫。玉簪插在头上，花朵戴在头上，玉坠垂在耳朵上。口红啦、眼影啊、假睫毛啦等，也是在脸上布置。当然，敷在脸上的还有白粉。

粉这东西，敷一点的确是好，一能遮丑，二能增美。但是不能太多，多了就适得其反，使美的变丑了，丑的就更丑。可是，有好多人不懂得这个道理，以为粉好，就一个劲地往脸上涂，不怕多，恐怕少。自己以为很美，其实更丑了，比丑的还丑。不以为丑，反以为美，只能使人嗤笑。

爱他爱成自己

冬天，在街上看到有些宠物狗像小宝宝一样，穿红裹绿：花裤花袄；到了夏天，像给羊剪毛一样，主人也把狗毛剪秃。都是因为爱，才这样。殊不知，狗有狗的特性，它们是没有汗腺的。人冷不见得狗就冷，人热不见得狗就热，即便冷与热，让它们经受一下也许更好。但是，一些人总喜欢把自己的想法强加于人，哦不，强加于狗，以为狗也是自己。

其实强加于人比强加于狗更可怕，强加于狗，狗只能无奈。但强加于人就没有这样简单，你强加，他强拒，就会起冲突。或者也有不敢起冲突的，比如孩子。好多人，往往喜欢把自己的想法强加给孩子，还以为是爱他。还有那爱孩子胜过爱自己的，这样人家的孩子，必然活得很凄美——很美的凄惨或者很凄惨的美。

以爱的名义

呼吸

有一次佛与弟子论生死，佛问，生死之间有多长？一人说，数日间。一人说，饭食间。佛皆不肯。一人说，呼吸间。佛说，你是知道的。

生死在一呼一吸之间。一呼一吸，人活着；一呼不吸，人就完了。

可是有谁记住了呼吸没有？

呼吸最重要，却最容易被忽略。

不清楚呼吸，就是不清楚生死，没记住呼吸，就等于忘记了生死。忘记了生死，就是忘记了自己，而忘记了自己，这个世界就没有了意义。在忘失了自己的前提下，无论你发多大的财，有多好的车，住多好的房子，有多漂亮的对象，都等于空头支票。

我们说拥有，首先要拥有自己才是。而拥有自己的标志，是清楚自己的呼吸。

知道自己一分钟呼吸几次，知道自己呼吸深浅，深，深到哪里？浅，浅到几何？不要以为知道这个没有用，此即观照，这才是真知道。所有的一切，是建立在这个真的基础上的。有了这个真，所有的才是真，没有了这个真，所有的都不真。所有的东西不真，就是虚幻的、假的、靠不住的。

伏虎与打虎

　　老虎历来是凶猛的象征，敢打老虎的就是英雄，比如武松。为什么打虎者能成为英雄？因为多数人不敢打，而是逃避。却也有逃避不掉的，活生生被老虎吃了。即便敢打虎的，也不一定就能成为武松，被老虎吃掉的比成为武松的多。

　　其实有比打虎更好的办法，即把老虎驯服，使之变成牛或者猫。不要说不可能，历史上出现过好多位伏虎罗汉。据《五灯会元》载：牛头山慧忠禅师即是位伏虎罗汉，"县令张逊，至山顶谒问：'师有何徒弟？'师曰：'有三五位。'逊曰：'如何得见？'师敲禅床，有三虎啸吼而出。逊惊怖而退。"

　　为什么只有大禅师才能伏虎？因为他们首先降服了自己内心的欲望。欲望如虎，欲望猛于虎，能够把欲望伏住的人，老虎见了立即腿软。这就叫道高龙虎伏，德重鬼神钦。

　　我们其实都是被老虎吃掉的，不被山上的老虎吃掉，就被心里的老虎吃掉。

瘦钟馗

瘦钟馗

画了一幅钟馗，极瘦极瘦的，瘦到可怜。

钟馗乃判官，嫉恶如仇，捉鬼，不但捉，且以鬼为食。鬼魅谁都恨，为了驱鬼，家家挂钟馗像。但是，即便再多几个钟馗，天天吃鬼，鬼也吃不尽。为什么？因为鬼魅层出不穷。

层出不穷的原因是，鬼是人变的。人可以成佛，也可以成魔。一念善是佛，一念恶即是魔。**做佛事成佛，做人事为人，做畜生事是畜生，做鬼事是鬼。即便不做事，有那个心思也是一样。**

如果人人敬慎，每每有好心思，个个是个好人样子，那鬼魅自然就没了生存土壤，鬼魅不在了，自然天下清和，人世炯炯而鬼界寂寞。鬼界寂寞，无鬼可啖，自然就瘦了钟馗。

钟馗虽瘦，相信他也乐。

羡慕

　　人有艳羡之心，于是向往。因为向往，才有行动，因为行动，才能成就。那年 8 月初，我们一行 18 个人，背着行囊，从石家庄出发，徒步朝礼五台山，在路上走的时候，引来好多人的目光。有疑惑的，有不解的，更多的是艳羡和赞叹。

　　艳羡也有对与不对之分，**如果对自己没有清醒的认识，对别人对世界没有清醒的认识，盲目生羡**，就会出问题。有好多高学历的人找不到工作，或者找不到对象，很有可能是错估了自己，或者错估了对方。

　　由此，我画了一幅画：一条鱼与一只鸟，相互艳羡，目光却哀怨。题之曰：**鸟羡鱼，鱼羡鸟，都说对方好，自己生烦恼。**

知羞

《中庸》有言："知耻近乎勇。"岂止近乎勇，本来就是勇。能够敢于面对自己的人，尤其是敢于面对自己耻辱、又敢于改正的人，才是真的勇。人不怕有错，贵在知错能改。

世界上没有错的人不多，能够认错的人很多，认识不到自己错的人也很多。因此就可以下定义了，何谓好人？肯认错的人是好人。总认为自己是好人的人也许恰恰是错人。

画了幅钟馗《知羞图》，题道："站在钟馗位，却没除鬼魅。一日醒来后，突然生惭愧。"钟馗生惭愧，是知道有鬼魅，却没有去除。鬼魅在哪里？其实没在别处，就在自己心内。

大有阁

那年春天，朋友开画店，店名"大有阁"。我为之拟联曰："有有还是有，无无并非无。"

临开张，朋友通知我：哪天哪天，上午9点，正式开张营业。到了那天，提前去了，朋友还没到。好在周围是文物市场，倒高兴他没来。转到9点，门还没开；10点，门还不开；11点仍寂然不动。给他打电话，一个刚睡醒的声音："几点了呀？"知道钟点之后，他想了想说："要不，算了吧。"开张的事就这样算了。

"大有阁"没有开过几次门。

我对他说：你不开门，画怎么卖？

朋友说：不急，不卖比卖了还增值。

果然增值。他的那些画，一直放着，放到后来，画价陡涨。原来，懒也能挣钱。或者说，好多人的忙恰是瞎忙。

苦难与成功

　　采访一些成功人士，无一例外，年轻时都受过苦，经历过磨难。是的，好像没有谁能够随随便便成功。**其实不成功的人，受的苦难也许更多，苦难并不代表成功，苦难与成功并非因果关系，只有在苦难中能够感悟，在感悟中能够超越的人才能成功。**

　　因此成功的人都不苦，因为他们能以苦为乐。苦的是那些没有成功的人，这辈子苦，下辈子还苦。

　　为什么？因为抱怨。

第三辑

绘事后素

子夏问孔子："巧笑倩兮，美目盼兮，素以为绚兮，何谓也？"子夏是明知故问。孔子知他明知故问，却依然告曰："绘事后素。"他们都在完成着自己。

高明

　　韩羽先生教我写字画画，从来不教技法，问也不答。他说："这个别问我，技法问题，三天就弄明白了，剩下的就不是这个了。"

　　现在看来他真是高明，他若是教我技法，那肯定就把我教成他了。把我教成他算成就我，还是毁灭我？其实是毁灭。以成就的名义毁灭。现在好多人在做毁灭他人的事情，而还以为是功德。

　　也许有人会问："关键是你学出来了吗？"

　　我也学学赵州禅师，曰："今日不答话。"

伯乐与马

伯乐恩大，好马无价。
伯乐与马，化及天下。

告诉

　　于书画，我一直想懂，但一直不懂。回头想想亏了这不懂，若是懂了，还敢造次么？

　　放纵我的是韩羽先生。他鼓励我：第一，写字不在练多少年，在学识与悟性。第二，好多人在重复错误、巩固错误。但我问他字怎么写，他却不告诉。不是不告诉，他面对面给我连着说了四个下午。他话语滔滔，我毕恭毕敬，一个说，一个听，两人都投入十分。可是他讲了什么呢？四天下来，由于太过专注，反而一句话没记住。我们俩就这样完成了一件大事，说大，是因为关系到传递。传递之事，从来是大的。也许正是因为大，才扪之无声，睹之无形。

　　当年和尚香严，苦问师兄禅法，师兄竟不露一言。香严惭愧至极，只好自搭茅棚，权做一无聊粥饭僧。一日锄地，将瓦片扔到园外，"当"的一声，击在竹子上，刹那间，香严大悟。悟了之后，急忙冲着师兄的方向顶礼，说道：师兄呀师兄，亏了您没告诉！

　　我非香严，说香严的目的，是想说，不告诉有时候恰也是告诉，或者是更好的告诉。

　　韩羽先生告诉我了，却等于没告诉。等于没告诉，即不是没告诉。这不是没告诉，就是更好的告诉。

萨克斯手

当年初写毛笔字时，很想去参加省直的一个书法展，但又怕作品太不像样，于是拿上那幅字，来讨韩羽先生的示下。

韩翁不点头，也不摇头，而是讲了一个故事：三人并排吹萨克斯，吹着吹着，闯来一人，强行加入队伍，也吹萨克斯，但吹的是别调。三人见他捣乱，将其轰走，然后继续吹。不料，此人再来，仍吹别调。三人大怒，再次把他赶走。然而第三次，他又来了。三人怒极，将其塞入乐器管里，大脚踢出，好长好长时间，就听"嘭"的一声响，大概是撞到了远处的山上，三人暗喜，心想此无赖从此绝迹矣。孰料，正在三个人大吹特吹之时，那人雄赳赳地又来了。三人无奈，只好任他吹。吹着吹着，不料这三个人竟然顺了那个人的调儿。

出了韩羽先生家门，我就成了那个萨克斯手。

劈柴

写到节骨眼，就把字拿给韩羽先生看。韩羽先生有时说，滔滔不绝，说字本身，说与字有关的，或者有时会说到孙二娘，但是，别错会了意，他说孙二娘其实也是在说字。有时不说，不说不是不说话，而是不说字。说别的，好像没看到我的字一样。说别的我就听别的。

韩羽先生有一次给我讲了一个"劈柴"的故事。说古代一次血战，人都死得差不多了，唯剩下一位受了伤的将军和一个埋灶烧火的伙夫。此伙夫惯用铁叉叉劈柴，每次舞铁叉叉劈柴百叉百中，把叉子上的劈柴直接扔进灶膛，不偏不倚，全无障碍。眼看着敌人又冲上来了，将军对伙夫说："你，去叉了那些劈柴！"伙夫听命，挺起铁叉，冲向敌阵，伙夫如入无人之境，在他眼里，不管是兵，是将，不管马上骑的还是地上跑的，全是"劈柴"！他是叉一个又一个，叉一个又一个……最后竟获全胜。

庖丁眼里无全牛，伙夫眼里无非"劈柴"。

字画是劈柴吗？要它们成劈柴，你得先成伙夫。

入室操戈

习字到关键时刻，我就拿给韩羽先生看，我知道，这是班门弄斧之举。

一次，韩羽先生说，"班门弄斧"是一个词，还有一个词叫"入室操戈"，不能老是"班门弄斧"，还要敢于"入室操戈"。

戈矛相向，刀枪对打，乒乒乓乓，真杀实砍。**师父赢了，果然师父；学生赢了，更是果然师父！**

何谓师？此才是。

独享

鸟儿问答

　　画家李明久先生养了一只鹦鹉，每天与之对话。他说：你好。鹦鹉也说：你好。他说：恭喜发财。鹦鹉也说：恭喜发财。他咳嗽，鹦鹉也咳嗽。李明久先生还跟他的画对话，画虽不出声，却比鹦鹉深刻。嘴上的话跟鹦鹉说，心里的话跟画说。鹦鹉一句一句学，学得越像，越不是鹦鹉自己；画一句一句跟，跟得越紧，那画就成了李明久。

　　突然有一天，我也开始画画。我的画好比乌鸦，我对它说：你好。它不言；我对它说：恭喜发财。它亦无言。这是只傻鸟。

　　我给李明久先生画了一张画，画的是不像李明久先生的李明久先生，也画了一只不像鹦鹉的鹦鹉，把话也题上。我是为了这句话才画的：你是我的鸟，你说我的话；我是我的佛，我画我的画。

　　李明久先生看了我的画，只是笑。不知是笑我的画，还是笑我的话。

　　很快李明久先生也送我一张画，画的是他和我，他手上托着鹦鹉，我肩上扛着一支巨笔。他把我的话翻作他的话：你是你的佛，你画你的画；我是我的鸟，我说我的话。

　　李明久先生的画是画，话也是话，叫作画里有话。我的话是话，画不是画，叫作话外无画。

你是我的鸟，你说我的话。
我是我的佛，我画我的画。

惭愧告白

　　曾为李明久先生拟一联，想把它写成条幅送给他，想得挺好，真到写时却难了。此即初学毛笔字时的窘境。没有办法，索性把此时境况招供出来，条幅写不出，反而写了更大条幅，自揭其丑，谓：

　　李明久先生乃我钦敬之画家，先生寄情山水，每以林海雪域为题，以境写心。感佩之余，为其拟对联曰：雪净山明，林深水久。既状其情愫又寓其名字，自觉可以敷衍于他。于是催笔膏墨，欲成条幅。捉笔之时，踌躇满怀，以为天上必列雁阵，岂知落笔之后，却见地上蟹拱蚁行。几次涂鸦，徒费纸墨兼及精神，不由慨然而叹：真难为了不会写字的闻章先生！辛卯秋，细雨绵绵，中秋月近，人心在天心之时。

　　丑就任它丑，不能怕，怕也是丑。怕丑，往往就要遮丑，岂不知越遮越丑。

大雪

2012 年 12 月 15 日，李明久先生在保定办画展，我本来是准备要参加的，谁想 14 日夜突然下了好大的雪，去不成了。想了想，发了短信给他：

先生喜画雪域，大雪应时而至。只是苦了我等，不能现场致意。好在花开由自，芬芳满天满地！

自嘲

一开始画画，真的是涂鸦，比小孩子都不如。小孩子好在没想法，而我坏在想法太多，因此无论怎么画都不对。倒是把白白的墙弄得全是墨。有一次画钟馗，几次画不成，遂有打油诗出来：

其一

钟馗几次画不成，留此残墨证无能。

他年见后不须笑，只把新花种几重。

其二

笔不随心墨不随，常将美女改钟馗。

君如笑我及时笑，他日谁知我是谁？

后一句狂妄了。别人笑不笑且不管他，我先笑回自己。

山水图

画美人不成，改画山水。

题《长生殿》

　　王叔晖是现代著名工笔重彩人物女画家，之前我并不知道。殷杰兄把王叔晖所绘《长生殿》让我看，真的是好。他让我在画上题跋，他不怕题坏，我更不怕。于是题：

　　七月七日长生殿，天上人间恩与怨。多少动情不死诗，原是王氏一根线。

替样子

写字，也如女人做鞋袜。

巧女人自己起样子，独出心裁，这样弄，那样弄，怎么弄怎么好看。

拙老婆则弄不成，只好找巧女："把样子替给我一张可好？"民间把这叫"替"，这"替"字也真好。

拙老婆于是照着巧女的样子去做，做来做去做不来，做来也不是。

国画论

一位朋友对我说："国画不是人人可以画的，要想画得好，自己先做得起画中人。"

之前，关于中国画，我想过很多，如今有他这一句话，够了。

保卫

松树苗刚出土的时候，跟蒿子无异，好像还没有蒿子高，也没有蒿子旺，但长着长着就不一样了，蒿子自是蒿子，松树自是松树。松柏之所以是松柏，在于有松柏之志，而蒿子没有，蒿子只甘心做蒿子。

那天韩羽先生跟我说，他自己也不清楚，现在回头来看，的确有一个东西贯穿一生。这东西如草蛇灰线，或隐或显，根本没在意它，但到时候却能够坚守它。他就被这个东西支配了一生。所谓他的"狡黠"也好，"自私"也好，说穿了，是为了保卫这个东西别受伤害，这个东西就是他的艺术创作。

韩羽先生有可保卫的东西，别人也有，人人有。分别在于，你保卫的这个东西到底是个什么东西，这东西分层次，好多层次，上至圣贤下至无赖，都是由这个东西决定的。有的人在保卫摩尼珠，有的人在保卫屎壳郎。

非刀之刀

初习字时，因为裁纸，被一朋友见到。朋友说："耶，你这是在杀纸！"一个"杀"字，让我羞愧无地。

我用的是一把铁刀。后来知道做文事，应远离刀刃。纸要裁，该用竹刀木刀。竹刀木刀，虽有刀名，却已不是刀，而是做文事的一件工具，只见其郑重与温良。

刀虽外在，映射的却是心。

藕

我画了两根藕，题道："夏日到这里来看莲花。"

这样，藕就不是一个固定的藕了，而是活在时间里的一个生命体，具有着过去现在和将来。

莲蓬

一个朋友索画，我画了三枝莲蓬给他。他说，其实我想的是莲花。

我说我知道你想的是莲花，你看题跋。他一看，笑了。

我题的是：

过去是莲花，未来也是莲花。

三千莲花

东风恶

　　重庆奉节倚斗门那个地方，张文新看到一丛黄花可以入画，但此时天近黄昏，光线暗了，只好明天来画。

　　翌日早晨，张文新再来看那花，早已是"东风一夜来，遍地花狼藉"。

　　他感慨万千，最后把狼藉画了下来。

　　花是好的，无奈东风恶。

深谷幽兰

贾又福50岁，初有画名，便给自己定下规矩：

不学阿谀、奉承、讨好之媚眼；不说动听、空洞、无聊之废话；不装潇洒、气派、风流之丑态；不齿机巧、缺德、露脸之怪事……画格以人格出之，人格之外无画格，画格以内无非人格。

70岁时，画名已就，他再规范自己：

不执牛耳，不争席位；不担虚名，不沾黑钱；不赶风光，不凑热闹。苦行、低调、寡言、孤奋、特异、坚持、镇定、从容、淡泊。

用花来比，贾又福是开在深谷的幽兰。

花知道

我写吴冠南的一本书叫《花知道》，之所以写他，是因为感觉他心里有一份庄严。

他说："觉悟是参禅的目的，而觉悟也是人生、艺术、一切行为的终极目标。"

画画的人很多，有这份见地的人不多。

自己做佛

朱六成画达摩像，赵贵德题跋。赵问我题什么，我说：

明月在心，谁是达摩？菩提树下，自己做佛。

赵贵德说：好！

达摩若知，不知道他怎么说。

太阳与花朵

2014 年 5 月，唐山李明久艺术馆开馆，我书条幅贺之：

日出天开，花发地开，天开地开，乃我心开。

花发千丈，日出一轮，心开无际，天地从人。

一丝不挂图

赵贵德教我画画，给我讲道理。有感于他的道理，我为他画一像，并在上面题跋：

一丝不挂是解脱，不吃人家饭，不沾人家锅，只守住自己念弥陀。弥陀弥陀我是我，我唱我的歌。

一丝不苟是信真，心真人才真，人真事才真，我真世界真，一真一切真。

艺术是个我，而我是真我。只真才是我，不真不是我。

送给赵贵德先生让他一笑会心。

但好像直到现在也没有送他，为什么？因为我画了一张裸图，光着身子，不好意思给他。

这天是 2014 年 7 月 6 日。画了这个似乎意犹未尽，又写了两句：

一丝不挂，我是天下；一丝不苟，无中生有。此语不宜对外人道也，唯知者知之。

为铁拐李造相

问葫芦里装的什么药，答灵丹妙药。
问治什么病，答百病可治。
问既治百病，何不治腿。答曰治病不治命。

铁拐李

　　成同深是中医大夫，治好了我九十岁老娘的带状疱疹。成大夫的诊所在迎春巷，为此我写过一篇短文《花开迎春巷》，还为他画了一幅《铁拐李》的小画。铁拐李之所以是铁拐李，在于腿有残疾，走路须拄拐。小画画成，不知题个啥好。想想是给大夫的，于是题道：

　　问葫芦里装的什么药，答灵丹妙药。

　　问治什么病，答百病可治。

　　问既治百病，何不治腿。答曰治病不治命。

画马非画马

　　赵贵德画马，秉承的是"跳开前人，分开左右，书法构成，书意表现"的理念，因此他画的马是马又不是马，而是一种精神代指。有人想成立画马协会，特约他为会长。他回绝说："我从来不画牲口！"后来我作诗说他这事：

　　老赵弄丹青，凡夫不与同。

　　古今寻道路，早晚种莲蓬。

　　心灵大宇宙，笔墨小雕虫。

　　画马三千纸，无一是畜生！

"观第"山水

2014 年夏，跟王睿在开发区一个小区内借了一处房子做工作室，取名"观第"。一天在观第看黄永厚的山水，黄永厚本不画山水，但画起来也不坏。于是我也画。一画就画了好几幅。在第一张上题：

此山不可居，只在梦中栖。梦中若不得，念佛直向西。

别笑别笑，此山藏玄藏奥；不到不到，只是开个玩笑。

在另一幅上题：

谁家山水如此骄，左也妖娆，右也妖娆，峰峦高处闲云飘，想不想，走一遭？世事太难熬，日日尘嚣，赖得此山做招摇，留待念奴娇。

挺好

应一年轻朋友之嘱，写"挺好"两字。"挺好"其实挺不好写，写了之后觉得配上点小字才好。于是写道：

世界上这两个字最为讨巧也最少烦恼，见人见事见物，就说挺好。不是说挺好，是本来挺好，好有好的好，不好有不好的好，既然不好也是好，所以说没有不好。

现在好像只有我这字不好，虽说不好，但写的偏偏是"挺好"，哪怕再不好，你也得说"挺好"。挺好，挺好，这个世界，果然挺好。

读书叹

画了幅《读书图》，联想到自己读书，不由发浩叹。

年轻时，眼睛好，精力旺盛，正该读书的时候，却没有书读。我在我家的闲屋里搜了个遍，只找到发黄的几张旧地契和几张《九宫格》法书残页和半本手抄的《目连救母》民间唱本。

后来到了城里，有书看了，却没了时间。

及到老来，工夫多了，书也多了，但眼睛不济了。到这时，纵坐拥书城又有何用？于是题道：

少壮不努力，老大没脾气。

眼神也不好，脑子也不济。

看书不算少，记得没几句。

无颜见孔子，独自向隅泣。

得瓜图

今天抱不动　明天就抱动了
现在抱不动　将来就抱动了

得瓜图

有人给生活馆送来好多南瓜，大人孩子都朝屋里搬。尤其是孩子搬动几乎搬不动的大瓜，样子极可爱。

于是即兴画了几幅孩子搬瓜图。给信如一幅。信如年轻，正在成长中，于是给他题词曰：

今天抱不动，明天就抱动了；现在抱不动，将来就抱动了。

达摩图

达摩乃印度高僧，禅宗 28 代祖。他用法眼观察，见震旦古国一片大乘气象，于是到中国来传禅法。那时正值南北朝时期。如以火燃薪，由此中华大地上禅宗大兴。

禅门有公案：僧问药山惟俨禅师："达摩未来此土时，此土有祖师意否？"药山曰："有。"僧曰："既有，祖师又来做什么？"药山曰："只为有，所以来。"

达摩不来，只达摩是祖师；达摩来后，人人可以做祖师。

历代画家都有画达摩的，或画其面壁，或画其"一苇渡江"，或画其"只履归西"。我也画了幅坐着的达摩，没有题"达摩面壁"，却题了几句顺口溜：

达摩无事人，

来传无事法。

因为没有事，

只好干坐着。

达摩图

达摩无事人，来传无事法。
因为没有事，只好干坐着。

天机

　　泉庐主人老薛，每日津津于画事，日久功深，为人称道。一日见到他一个册页，画得很鲜活。他让我题跋，我似乎也正有话要说，于是题道：

　　绘事虽小，也须识天机。天机流露处，方见画之真宰。

　　古人云："欲望深者天机浅"，一语道破天机处。

　　泉远知水，树大知根。

　　简约平正，主人用心。

破字歌

书读万卷，一字不羡。

腰缠万贯，一文不占。

笔破万法，一丝不苟。

心灭万念，诸境全现。

读书破万卷，下笔破万法。

外破内不破，佛祖心中坐。

此两段话抄自 2015 年 1 月 17 日的笔记，想不到那时候能这样想。但也只是想得好，却做不来。虽然做不来，但毕竟知道有这么个境界在，不至于迷了方向。

攻书图

铁板上的画

郭海博是画家，但他这个画家特殊，是在铁板上作画，不用笔，用锤子、錾子，叮叮当当敲。看着是糙活儿，其作品却细腻、逼真，动人心弦。因艺术精湛，得了好多奖，名声越来越大。

因时兴非物质文化遗产的保护与传承，有关部门就把他列为"非物质文化遗产传承人"，其实，这把他弄低了，他不是"传承"，而是独创，属于鲁班级别的祖师爷类。他也不在乎这些，依然每天叮叮当当。不过传承人也有了，他的女儿也已经"敲"得很好了。

这种硬活儿，我以为恰是柔情似水的人才干得出来。由此我为他撰联曰：

若无柔情纵长锤短錾亦难化铁，

赖有妙法借巧手真心方可传神。

跋《山水图卷》

靳志强乃本家一小兄弟，自小喜欢书画，自学成才。后得山水画大家贾又福先生亲炙，画技大增。近年来，我与之多有接触，知其心地平和，好学多思，志向远大。

2020年9月，见其一幅《山水图卷》，遂为之跋：

志强一支笔，化天地为己有，造山之势，状水之形，绵延百里，如在目前。或高或低，或近或远，或狭或阔，或露或藏，无不得宜。能如此者，全仗胸中意气耳。

嘎子父

《小兵张嘎》的作者徐光耀先生乃寿者，2020 年九十五岁，仍然精神矍铄。我曾为他写传《小兵张嘎之父》。他的老家雄县紧挨着白洋淀，因此他对白洋淀有感情。近年白洋淀建了个"嘎子村"和"徐光耀文学馆"，殷杰是热心奉献者。殷杰嘱我画荷花，把徐老的几句即兴诗写上。我写了，并且加上了几句：

小兵张嘎之父徐光耀老曾有歌曰："白洋淀，风光好，英雄多，哪里都有嘎子哥。"

如今我说："嘎子不归嘎子村，嘎子已入众人心。有幸识得嘎子父，教我今生懂做人。"

他的话与我的联

2012 年秋，"贾又福文献展"在西安开幕，我有幸一饱眼福。

贾又福写的开场白《我的话》，我看了又看：

……只山水画而言，我也曾怀有不凡的志向，所谓希贤、希圣、希今古，无我、无人、无主奴，亦曾面对大好河山艰苦探索，所谓心地虚灵留不昧，大千妙相悟真如。

他说虽有此志向，但至今不过仍然是个蹒跚前行的凡夫，于画不敢稍有懈怠云尔。

话说得极开阔，也极真诚。

此前，我读贾又福《问岳楼论画》时，曾即兴拟过一联：

问岳楼中问月，明是？净是？

观石路上观时，古耶？今耶？

看了《我的话》，我把联改了，

问岳楼中问月明暗同体，

观石路上观时古今一如。

心境与画境

都知道贾又福先生的画好，但不知为什么好。好多人作书作画，耽于外求，求技巧，求名利，殊不知书画乃心灵产物，**一心在技巧上就僵了、就死了，一心在名利上就躁了、就脏了**，怎么能有好的书画？书画虽离不开技巧，但最终不是技巧问题，而是心灵境界问题。贾先生心境高洁、阔大，能做到"宇宙在心，造化盈手"，每逢作画，先凝心涤虑，见素抱朴，天地与我浑化，大道与心一如，因此他的画才如此恢宏雄阔，如此纯净无杂。

他曾说："画家所留片纸点墨，皆是魂之印痕，于后世当无愧色。"为了做到这一点，他"须臾不忘三问：问天以达大道，问史以求厚积，问我以利明德。"这是他的日课，试问有几人能做到呢？

墨竹

历朝历代，画竹子的很多，但画得好的不多。为什么画得好的不多？因为难画。为什么难画？因为简单。

简单是宇宙建构的法则。宇宙建构的法则是什么呢？就是一点不少，却也一点不多。少一点不是宇宙，多一点也不是。因此中国画的笔墨，其实已经不仅是笔墨，而是在透露宇宙中所涵盖的秘密。所以在好的画家那里，有"不画而画，画而不画"的说法。这"不画而画"，是用简，外在看是一笔，其实却是千万笔。**这画而不画，是用繁**，画了好多笔，但千笔万笔却是一笔，稠密中见简约，简约恰在稠密中。这不画而画，等于八大山人；这画而不画，等于黄宾虹。

简单不好画，但又必须画得简单。只画得简单也不行，这简单里头还得透出不简单。换句话说即是：真正的简单恰是不简单，真正的不简单又恰是简单。

突然想到一则禅门公案，里头说到竹子。

多福是一位禅师，僧问多福："如何是多福一丛竹？"

多福曰："一茎两茎斜。"

僧曰："不会。"

多福曰："三茎四茎曲。"

多福是最懂竹子的。

不是道路弯曲，
是自己弯曲。

大家做派

　　韩羽先生是大画家，**大画家的标志是作品 "大"，不是架子大。**我曾有一篇文章写他《天上一个，地上一个》，天上一个说画画的他，地上一个说生活中的他。

　　那年夏天，他到报社去找我，下着肥腿短裤，上着无领短衫，看门人以为老农上访。到得楼上，穿过一个一个的格子间，进得我屋，编辑们见了同于没见。跟我说完话，我送他，再穿过一个一个的格子间，向着楼梯走去。谁都知道韩羽，谁都没想到这就是韩羽。待知道了这即是韩羽，韩羽先生已经下楼去了。

艺术与垃圾

王旭是个年轻画家，画工笔。他是真下功夫，竟然把手画伤了，伤到拿不住笔。

那年读他的画，为他写过一篇文章。有几句我以为说得好，是这样说的：

"我这样相信，在人世与天堂之间，定然隔着艺术；在人世与地狱之间，定然隔着垃圾。向上还是向下，本不是问题，但现在却已经是问题。天堂在哪里是必须该知道的，不然找不到；地狱在哪里不用知道，一放逸一堕落就进去了。"

虽然说得好，却与王旭无关，因为王旭知道天堂在哪里。

立身在柔处

黄绮诞辰百年时，潘海波办了一个纪念会。在会上，突然有拿话筒的记者采访我，躲不开，得说。黄绮先生我见过，还为他写过短稿，但无深交，只知道他的字好，是铁戟磨沙体，有雄霸之气，硬硬的，有英雄气。但我一开口却说柔：

黄绮先生的英雄气哪里来？柔里来。

真的英雄其实都是柔的，没有一个不是。柔到极处，才有真的英勇。你看鞭子，柔不柔？柔，却硬。

你看珍珠，是不是也生在柔处？

你看水，柔不柔？正是它能排山倒海。

黄绮先生的铁戟磨沙书法，硬不硬？却是来自三寸柔毫。

你看佛陀，无缘大慈，同体大悲，柔不柔？却正是他能够战胜百万魔军，成为大雄。

老子正是秉承一个柔字，才得大道，由是得用天下，无为无不为。

黄绮的柔在哪里？晚年的时候，我见他，总是仪态谦谦，语气低婉，不像那个舞铁戟写大字的。是只年老了才这样么？也不是。读过潘学聪《云养青山》的读者知道，年轻时候的黄绮，也是柔肠百转。

他教学生们的方法，是循循善诱，用的是柔，于是有春风化雨的效果。

　　人心本柔，人心本净。正是这柔和净才能转化为无坚不摧之力，正是这柔和净才能抵达无往不胜之境。柔才能韧，柔才能和，柔才能化，韧了，和了，化了，必然是大我之态。大我之态，全然是我，哪里有敌寇？所以英雄必然立在此处。

苏轼的好

2019年秋,"诗韵东坡—2019中国当代名家苏东坡诗意书画展",在石家庄栾城区举办。为什么是栾城?因为这里是"三苏"故里。画展举办方邀请到全国几十名书画家来参展,其中也有我。不但有我,还让我写前言。前言不能不说苏东坡,而苏东坡岂是我能说的?但必须得说,于是我就说苏东坡的好:

苏轼真好,官当得好,诗作得好,文写得好,字写得好,画画得好,人做得好,且不是一般的好,是极好,不是一样极好,或几样极好,是哪样都极好,好到不能再好,好到不可说。

苏轼乃通家,通禅,通道,通儒。以禅安心,以道安身,以儒安世。他也真做到了,也真做好了。好到什么程度?看他一生行状即知;读他诗文即知;看天下人口碑即知。

一通百通,他通《易》,通医,通音律,好美食。走到哪,吃到哪,好吃的好吃,不好吃的也好吃,**"美恶在我,何与于物?"**能如此者,其实是比"东坡肘子"还有深味。他得了诗、文、书、画之三昧,得了做人、做官之三昧,得了养生之三昧,也得了美食之三昧。其味道深矣,他才真称得上是"苏味道"!难道是上祖苏味道之名喻示,才让他体察到人生之至味耶?

要说文化人，他才是；要说文化，他做的那些才是。不是别人的不是，是他堪为代表！如果没有苏轼，历史会不会显得苍白？如果没有苏轼，就没了《赤壁赋》，没了《赤壁赋》就已经没法想，何况还有那么多的诗、文、书、画！那么多的故事！

　　苏轼已经是文化的代名词。何谓文化？文而化之，文即是好，化即是用。能如此者，盖在心灵。心灵明澈，方能焕然成文，斐然成章，妙然成趣，俨然成德，端然而成大业。

　　苏轼能官，而不迷于场；苏轼能文，而不囿于矩；苏轼能书，而不拘于法；苏轼能饮，而不耽于酒……是"尊德性而道问学"之践行者。说白了，是**不媚于世俗，不在乎得失，不畏惧险恶，看得透生死。他做什么，即能超越了什么，一切一切，他都能超越，都在超然的状态下进行。他是遵循着自己的内心，听从着自己的良知，说到底，他是在做自己。所以他才旷达如是，率真如是，朗照古今如是。**

　　我说了以上这么多，却没说书画，为什么不说书画，因为说了苏轼，也就说了书画。说了苏轼，也等于说了眼下这些人。苏轼的好，其实是我们的好，只是看我们认不认，敢不敢承当。

万年一念　一念万年

靠他来完成我

近来翻检书箧，发现当年我准备写贾又福先生传记时，想到的几句话，现在看来，仍觉得好：

"天机是一个，但又是每个人一个。好比河里有月，你向东走，带走一轮，我向西走，亦带走一轮。你的月是你的，我的月是我的，但同时这两轮月又是一个，而不是两个。

以此来看，若写贾又福，应是这样，我是既写他，又不写他。这不写他，恰正是为了写他。我写他，其实是在写我，以我心写他心，关键是必须写到真心处。我不完成他，我完成我，真的完成了我，亦即完成了他。这也好比他画太行，他画的是太行，更是自己，他画好了自己，也便画好了太行。他是借太行来完成他，我是靠他来完成我。

与其说是写他的事，更不如说是写他的心，与其说是写他的心，更不如说是写我的心。我不懂画，但懂人、懂心。懂人懂心，何愁不懂画？"

文与画

2019 年春，河北美术出版社的潘海波，组织河北一些画家来为王蒙作品画插图，且办展、出书。那时王蒙还没有被授予人民艺术家称号。但总有插曲出现，及到"王蒙作品插图展"在他老家南皮首展的时候，已经是 2020 年深秋了。但也好。好事哪天做都好。

南皮展的时候，石家庄去了好多人，连九十岁的韩羽先生也去了，赵贵德也从北京赶了来。事后，《燕赵都市报》以四个整版的篇幅报道此事，可见此事之盛。

书先出，出书的时候让我作序。我不知说什么好，就说南皮。南皮出人才，张之洞是南皮的，王蒙是南皮的，潘海波也是南皮的。张之洞被称为"张南皮"，王蒙也当称为"王南皮"，潘海波现在大概还不敢称"潘南皮"，但以后也说不定，那得看他造化了。

"王南皮"本是属于天下人的，由于潘海波，他现在却独属于河北，独属于河北这些有缘画家。王蒙先生是现成的，自足的，画不画，他已经是王蒙先生。但他大度，深刻，且谦德深厚、心灵玄远，所以成就了此事。

我说这说那，最后特另说到张文新先生。现年 92 岁之张老，乃画坛之大佬。他的画不是现在画的，那是 1957 年春，他受王蒙之请，为王蒙新著《青春万岁》画插图。插图画了一套，送到出版社准备付梓，恰在此时，王蒙遭遇特殊情况，书未能出版，插图亦不知下落。好在尚有几幅草稿保留下来，成为画展上最大亮点。

因为画册，王蒙得知张文新消息，大喜过望。前不久，王蒙与张文新终于见面了，这一面与上一面竟然隔了 63 年！当他们拥抱的那一刻，时空为之凝固。

一作家，一画家，证明了什么呢？证明：真的文学不死，真的画亦如是。

此次画展，我也写了幅字，挂在那儿。写的是草书，好多人不知道写的是什么内容，不妨抄在这儿：

文曲真文曲，流淌万卷书。

青春今更靓，故事老尤殊。

研我心间墨，画他字里图。

直将轩上月，化作百千福。

月下花开

　　朋友撺掇，为我的画办了个小展"月下花开"。展名来处也简单，庚子年中秋节与国庆节是一天，第二天即画展。"月下花开"，不是在说花，而是在说月。月好，花才好，不好也好，因为有月在。若无月，花再好也不为好。

　　最后一天，季酉辰先生来，他给我的鼓励很深刻。他没说好，也没说不好，他只是告诉我绘画有一个东西，这个东西好多人不知道。

　　近日一直在琢磨这个东西，包括读季酉辰先生的《会心集》，突然一天看到清初画家牛石慧画的《冬瓜芋头图》，心头一动。《冬瓜芋头图》没什么，冬瓜自冬瓜，芋头自芋头，消息在题跋上。跋曰："菩萨曾有言，无刹不现身。冬瓜芋头处，岂非观世音！"

第四辑

重复错误

人都会犯错，犯错不怕，"过则勿惮改"，很简单。其实怕的是，一、不知错；二、不认错；三、不改错。不知错，愚；不认错，拗；不改错，作。作，却又不觉得是作，就更可怕。

天天向下

"天天向上"这个词人人耳熟能详，陈兴旺却自创了一个词叫"天天向下"，而且他居然这么做。谁都知道向上好，怎么他就甘愿向下？原因在于他是省里一家农民报的总编辑，办农民报，就得到农民那里去，而农民在乡下，于是他几乎天天下乡。这样好几年，他跟农民都混成了朋友。

一个字谜这样说："上在下边，下在上边。不可在上，正宜在下。"谜底是"一"。这里不说字谜，而说上下。陈兴旺向下，其实是向上。"上""下"没有一定，看怎么认知。认知是"一"。

苍蝇之死

一只苍蝇撞窗而死，朱赢椿为之哀悼，发动朋友圈 200 人给这只死蝇写挽联，还立了一个"苍蝇之墓"。其中联曰：

蝇头蜗角世人以污名误我南墙三撞今知命，
春花秋月书生以逐臭之徒稻粱不谋也著书。

都说蝇头逐小利，
岂知我心向光明。

此小题大做耶？故弄虚玄耶？都不是，此乃是**以我之生命，见他之生命**。

向上

石柔问一老者："事到如今真难，进不得，退不得，左不得，右不得，不知怎么才得？"

老者说："你只剩下一得。"

石柔问："哪一得？"

老者说："向上。"

石柔想了想，说："我知道怎么办了。"

伶俐人随时能超越。

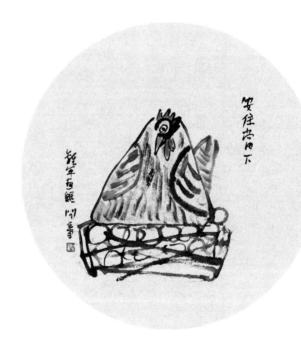

安住当下

安住

　　弘一法师每日早睡早起，冷水擦身，但凡染病，从不经意。有一次患病在床，广洽法师前来问疾，他说：

　　"你不要问我病好了没有，你要问我念佛了没有。"

　　这时就能理解，在世间与出世间为什么他都有那么大的成就了，因为他能安住。

跳开

在北京国家博物馆一次重要画展开幕式上，不知是哪方面的疏忽，竟然没给九十多岁的画家张文新先生安排座位，台上没有，台下也没有。大概因为他不是官员，不宜在台上，又因为是大画家，不宜在台下，就这样把事弄尴尬了。但老先生不感到尴尬，他到台下随便坐在了不知谁的一个空座上。

事后有人替他抱不平，老先生却把话题一下跳开，他说今天台上的花真好看。

事后想，此不仅是大度，更是聪慧。

石曼卿也善跳。有一次骑马出报慈寺，驭者失控，石曼卿从马上摔下来。跟从大惊，忙扶上马。市人围观，都以为石曼卿会大怒。就见石曼卿慢慢忍痛坐上马，对驭者说："亏我是石学士，若瓦学士，还不摔个粉碎！"

能跳开，是因为能守着自己，能让自己不在是非里。

对的话

　　小胡小于两个朋友来看我，事慌促，没带点东西来，空着手觉得不好意思。我说："整个世界都是我们的，还用带什么？"

　　就这句话，小胡多年来一直记着。那天他说给我听，我才知道还有这么句话，我忘记了是不是真说过这句话，不管说过没说过，这句话本身的意思是好的。

船山送客

　　明末清初思想家王夫之，居在湘西石船山下，人称船山先生。

　　船山老了，送客送到小桥，说：恕我在这儿，心送三十里。客人走了十多里，突然想起雨伞忘在了船山老人那儿，于是往回赶。回到船山下，发现船山先生依然在原地站着呢。

　　为什么古人的话有力量？就在他们从不欺骗自己。

牧牛图

一旦入草去，蓦鼻拽将来。

自己杀自己

人的灾祸从哪里来？从欲望来。

所有的灾祸追及根本原因，都是欲望造成的。为什么有瘟疫？为什么有雾霾？为什么地球变暖？为什么地下水被污染？为什么江河水变浅？……这所有的为什么，无非是人的无休止的欲望所致。

人需要的不多，但想要的多。人等于是自己挖坑埋自己。

亲与仇

谁都说与亲人亲，其实人跟仇人比亲人还亲。人与亲人之间是舒服的，因为彼此有空间。跟仇人则亲得没距离，没缝隙，把个仇人抱得紧紧的。人离开，仇恨不散；人死了，仇恨不死。

恨是亲的极端方式。

重复错误

　　好多人天天在努力，又恰恰努力错了，重复错误，巩固错误，这是最可怕的事。关键在于努力的方向。方向对了，错的也是对的，方向错了，对的也是错的。

　　比如开车，车况好，路况好，驾驶技术好，各种证件齐全，都是对的吧？但方向错了，这些对的恰恰成了错。如果方向对了，哪怕路上有种种障碍，但最终也还是对。

　　努力的方向在哪里呢？在调适心态，让心灵处在宁静、庄严的状态下。如果不朝这方向努力，而是朝别的方向努力，那肯定是错了。

道理

　　生活中有道理，但道理不是生活。自己心里明白出来的道理才是道理，道理只能管自己，管不了别人。给别人讲道理，只能让人讨厌。因此不要给别人讲道理，哪怕只说好好好，哪怕只微笑，也比讲道理好。

　　但我还是讲了好多道理，知道做不到，只剩让人笑。

老柳树

　　我家曾有一棵老柳树，那是我爷爷栽的，我爷爷在时，柳树在着，我爷爷不在了，那柳树还在着。柳树在着，就等于我爷爷在。后来柳树也不在了，但我在着，我在着，我爷爷与那老柳树就都在着。

　　原来我们是一体。

盲人摸象

盲人摸象故事源于《大般涅槃经》：

国王让盲人摸过象后，尔时大王，即唤众盲各各问言：汝见象耶？众盲各言：我已得见。王言：象为何类？其触牙者即言象形如芦菔根，其触耳者言象如箕，其触头者言象如石，其触鼻者言象如杵，其触脚者言象如木臼，其触脊者言象如床，其触腹者言象如瓮，其触尾者言象如绳。

这个故事告诉我们，你站在哪个盲人立场上都对，也都不对。

拾穗图

根本

我爹曾经侍弄果园，果树春天开花，秋日挂果，满园子芬芳。这果树也真好，浇一点水，叶就绿了，刮一些风，花就开了，施肥、松土等，都有功效。更别说阳光雨露滋润，所以生机无限。但是有一个前提：树根必须是活的。如果树根是死的，情况会大异：浇水，根会烂得更快；刮风，叶会落得更多；阳光照耀，枝丫会干得更快。**所有的作用都是反的，不助其生，反助其死。**

所以古人才说：根才是本，"君子务本，本立而道生"。

具体到人，心是根。**心的好坏，即是根的好坏。**

人挪活，树挪死

有句话叫"人挪活，树挪死"。为什么人挪活、树挪死？因为树活靠根，人活靠心。树挪根死，自然不能挪。人挪心活，自然要挪。挪的意思不一定是指地理上的搬迁，而是指心灵上的历练。

多见人多历事，在顺逆起伏中锻炼心智，在炎凉冷暖中体察人生，从而升华自己。

人挪活、树挪死，盖在树要固其根，人要阔其心。

扫地僧

扫地扫地扫心地

不扫心地枉扫地

眼界

看人钓鱼，每叹鱼儿眼界窄，那么宽一条河，哪里不能活命？偏去贪那小小鱼饵！

后来发现，人也跟鱼一样，往往舍不下眼前利，有好多人是被眼前利毁了的。

禅师参禅，不过是把小饵扩大了参：肉屑是饵，名利是不是饵？亲情是不是饵？肉体生命是不是饵？把这个参透了，就有了智慧，就获得了本质性命的自由。

唐代僧人神赞开悟之后，他的本师还没开悟。这天本师坐在窗前看经，恰有一只蜂误入僧室，不断撞击窗纸，想飞出室外。神赞见状说："世界如许广阔不肯出，钻他故纸驴年去！"本师听了，把经书放下，愣了。神赞遂说偈道："空门不肯出，投窗也大痴。百年钻故纸，何日出头时？"

没想到连佛经也是饵！

鸟巢

　　彬子准备锯掉一棵树，先上树斫枝。在树上发现鸟窝并两枚鸟蛋，这让自小就掏鸟蛋的他欣喜不已，忙移出来，交给下面的人。猛然间一转念：如果老鸟回来，发现没了鸟窝和鸟蛋会怎么样？自己的孩子，若丢了一个，还不疯掉？彬子一下惊出一身冷汗，于是放弃锯树，重新把鸟窝和鸟蛋原处放好，双手合十，祈祷良久。

　　此乃同理心。由同理心引发悲心。

　　悲心一起，慈心便现。

好与不好

　　世界上本没有好坏，是因为人，才分出了好坏。**有了好坏，世界就复杂了。**都想要好的，都不想要不好的。好的要了还想要，没那么多，就抢，抢不到，就打。于是有纷争，有官司，有战争，有生死，一连串的问题都来了。最终怎么样呢？人在自相残杀，没有一个赢家。

　　这样想来，好东西好吗？好东西好，只是人没弄好。

认可

胡适之为照顾他人，不得已娶了小脚女人做夫人，并作诗道：

岂不爱自由？此竟无人晓。

情愿不自由，也就自由了。

所有的事都如此，看似有对错、好坏，其实再往上超越一点，就发现不是那么回事了。

少说话

　　《易经》上说："吉人之辞寡"，少说话是吉祥的。为什么？因为说话往往惹是非，或者说话本身即是是非。并不是每个人都会说话的，**说话是没技巧的，有技巧的话可能就已经不真了。**

　　但没技巧的话怎么说？没技巧的话是智慧的流露，怎么说怎么好。如果不是这样，还是不说好。时机不对，不说；场合不对，不说；不是该说的那个人，不说；话不到位，不说；没有想好，不说；说了没用，不说；不说比说好，不说。总之不说好过说。与其说，不如不说。

不努力

朱赢椿说："最好的设计是不动声色。"因此他是好设计家。

我说："最大的努力是不努力。"努力容易做到，不努力而又不懈怠不容易做到。

时空之王

　　莎士比亚在《哈姆雷特》里说："即使我被关在果壳之中，仍然可以把自己当作无限的空间之王。"莎翁之所以是莎翁，大概即在这!

　　释迦牟尼在《楞严经》中说："我以妙明不灭不生合如来藏，而如来藏唯妙觉明，圆照法界。是故于中，一为无量，无量为一，小中现大，大中现小，不动道场，遍十方界，身含十方无尽虚空，于一毛端现宝王刹，坐微尘里转大法轮。"

　　莎士比亚是设想，释迦牟尼是实际在那儿。

虫之参悟

　　朱赢椿著有《虫子书》《虫子旁》《蚁呓》等书，"看蚂蚁搬家，待石头开花"，他把虫子爬过的痕迹，看成"生命的偈语"。

　　有人说他是回到童年，其实不是，他就在童年里。他在童年里，又在童年外。他在虫子外，也在虫子里。他不是虫子，却能替虫子超越。在替虫子超越的同时，他自己也超越。

栽花者言

一盆花摆在街上，很好看。若是搬回家，就不单单是好看那么简单了，还得很麻烦地侍弄它，不然它就不好看了。

爱的前提是付出。

态度

　　赡养老人，以为吃饱穿暖即是了，其实不够。孔子曰："今之孝者，是谓能养。至于犬马，皆能有养；不敬，何以别乎？"

　　养身，还须养心。所谓养心，靠好态度，即敬。所谓贫家出孝子，突出的即是好态度。

洗热水澡

　　每年都要到各村召集些闲散劳力到新疆摘棉花，这天摘棉花的人回来，董事长卢国欣给办公室打电话："别着急把人送回家，拉到总部吃顿饭。"之后他往回赶，他想当面道一声辛苦。赶到总部，发现人已经吃完饭走了。卢国欣对办公室的人说："一句话嘱咐不到，你们就想不到。培训楼上各屋都有热水器，摘了一季棉花，泥是泥汗是汗的，让他们洗个热水澡不好吗？谁家里有这个条件？"

　　这些人并非员工，且今年是这些人，明年不知又是哪些人。发了工资就已经妥了，吃饭是额外的，大巴车送到家也是额外的，更没想到让这些人洗澡。

　　这叫为他人想。为他人想，没有条件。若有条件，则不是为他人想。

伏席图

先进

　　每到年底都要评先进，我们单位小，按指标评三个。大家都干得好，没有谁不好，或者说不好的只是极个别人。评三个出来，等于只有三个好。因此不评还好，一评，难免有人会有负面情绪。但又不能不评。

　　于是开会时，我讲故事给大家听。比如一人骑自行车，技术好的，能够前轮轧后轮，于其来讲，有用的路面不过三寸。别说留三寸，把路留一米宽，两侧挖成万丈深渊，再骑试试？会很快掉沟里，即便不掉沟里，心也不再如原来那样稳。因此别说有用的有用，没用的也有用，甚至是大用。每个人都是骑者，也都是大地，相互为用，没有先进与后进，不过是选三个人作为集体的代表，把荣誉领来而已。

　　于是皆大欢喜。

　　轻视了谁、忽略了谁，都是错的。

口德

说话是一门学问，且更是一种智慧。

人长一张嘴，是来成就我们的，不是来害我们的。因此人要积口德，以口积德，以口消怨，以口利他，以口救拔自己。

开口说真心话，闭口不说假话，开口闭口都有口德。

英雄气

2020年春，一场大疫，真可谓"一翳飞而蔽天，一尘堕而覆地"，让我们经历了前所未有的日子。**新型冠状肺炎病毒，小不小？太小了，肉眼看不见。**小，却不能小瞧，你若小瞧了它，它就不小了。谁能想到一个病毒能卷起如此大的狂澜，让整个世界不再安宁。我们国家以民为本，"天视自我民视，天听自我民听"，全国人民团结一心，共同抗疫，很快走出了最难的阶段，取得了决定性的胜利。

大难出英雄。过平常日子，你好我好大家好，看不出谁具英雄胆，是到危难时刻，或者是被逼到某个境遇，才真见人的本质上的超越，生起大的信念和大的力量。这种信念和力量，是连生命本身裹在一起，浑沦如一，分不清谁是谁。所以死不叫死，叫牺牲，是因为有可歌可泣的东西在。这次疫情，是一次非常性质的考验，涌现出了大批的英雄。不是像原来出个董存瑞、欧阳海那样一山独立，这次是群峰并峙，多到数不清，各在各的位置上，自觉地完成着自己。钟南山、张文宏、李文亮等是不用说的了，医护人员也不用说，志愿者也不用说，前线的所有人都不用说，即使各地为了防疫而奔波的人也可称英雄，甚至在家里"躺着做贡献"的我们每一个人，都或多或少有着英雄气。就因为维护大局的那份自觉，牺牲掉了自己的好多。卦上说"大蹇朋来"，这个"朋"不是别的，是我们自己身上的那种敢于牺牲、甘于牺牲的英雄气。

英雄豪气

不以病为病

宋大夫是眼科专家，他做白内障手术，已经做了几万例，无一失误。他教导他的学生们：千万不要太沉重，不要把自己陷入病的情景里，要跳出来，将自己置身于上帝待的地方，在自己的世界里，像玩儿那样，创造奇迹。

无疑他是对的。同样有位研究胃病的专家，最后却死于胃癌。为什么？因为他掉进病里了，心入病，病入心。

在古代有个说法，画家画动物，也不能太沉浸，如果沉浸过深，下辈子有可能做动物。喜欢不是问题，但沉浸是问题。

方式

　　庞先生是企业家，也是居士。一次在赵州柏林寺吃饭，寺里吃饭叫"过堂"。过堂的时候，我与庞居士紧挨着。斋毕，僧人去大殿回向。僧人走后，众人也站起身准备离开。这时只见一年轻人站在饭桌一端，指着我身后的一个人说："你看看，有你这样的吗？你把它喝了！"后排这些人，来自某大学禅修社。寺里规矩，吃饭时都要吃干净，一粒米不剩不说，连菜碗都要用开水涮了，把水喝下去。身后这位不知什么原因，却剩下了半碗菜汤，指责他的那位应该是带队的。身后这位也不还言，也不动作，只是歪着脑袋看着指责他的人，看得出来，心里是梗着的。

　　我看着这一幕，不知怎么好。这时只见站在我身边的庞居士，似乎想也没想，端起那个人的碗，把半碗菜汤一下子喝光了。

　　所有的人都愣住了，包括指责者和被指责者。

　　处理问题的方式有好多种，其中准有一个最好的。但这个最好的，我们往往想不到。

消灭仇恨

老木在市里工作，村人眼里，他是一位重要人物。

在村里，因为宅基地纠纷，邻居用拖拉机把叔叔轧伤了。叔叔住进医院，把老木找去，告知老木：叔叔挨欺负了，此事要有个了断，要么打官司，要么给对方点颜色看看。

邻居见事闹大了，也找到老木求解。老木说：打官司你肯定输，输了就会坐牢。你想坐牢吗？邻居说：我就是为这事来的，只要别坐牢，赔多少钱我认。老木说：你能赔多少？那人说：最多能赔一万。老木说：你也要过日子，赔九千吧。那人说："敢情好！"老木说："你拿八千，我替你拿一千。不过别告诉我叔叔。"那人含着泪走了。

老木对我说："在一个村生活，有仇就已经错了，不能再让他们增加仇恨。我花了一点钱，把他们之间的仇恨灭了，我觉得应该。"

我给老木点个大大的赞。

倾听

我们办的报是张农民报，经常有农民来访。

来访人的问题多是"老、大、难"，或是问题大，或是问题老，或是问题难，多年解决不了，县里、省里甚至中央到处跑。也有问题不大，但就是难解决的，比如说宅基地，祖上兄弟分家，有一条地归属不清，我说是我的，他说是他的，知道的人已经死去多年，谁能解决得了？**其实有好多问题，已经不是问题本身，而是为了争"一口气"。**

别管谁接待，我们规定了一条：首先要态度好，上访者好比乡下来的爹娘，能解决的解决。解决不了的，不许推诿，倒上茶，弓下身子，仔细听，不要嫌啰唆，不要阻止，从头听到尾。

效果真的很好，他其实要的即是倾听，他说完了，多年怨气出来了，没怨气了，实质问题也就好解决了，或者不用解决，他自己就退了。

不管问题解决没解决，他们都觉得我们好。每到秋天，编辑部里会来好些提着土特产来感谢我们的人，其中即有来访者。

恩恩爱爱过一生

善意

　　我们这个小单位刚刚组成新班子，集团社长郭增培召唤去说几句话。社长说：你们肯定会好好干，但无论怎么干，总会有人有意见。我告诉你们一个经验，不管是谁，不管提什么意见，首先应该看成善意的。以此态度来处理问题，结果会好很多。

　　此后每见社长，我都想到他这句话。

　　这句话见人格亦见襟怀。

米芾整冠图

谁明白谁变

小宋对我说近来她进步了，我知道她与丈夫总是吵架，有几次差点离婚。我问她怎么个进步了，她回答道："我不理他了！"

热战变冷战了。

我说：原来你俩是两块冰，二冰相撞，满地冰渣子。现在不撞了，冰还是冰，依然满屋冰冷。

她问："那怎么办？"

我说："别怪冰，你把自己变成春天，冰就化了。不但化，说不定还会开出花来。"

"他要是不化呢？"

"那你还不是春天。"

"为什么是我变，而不是他变？"

"谁明白了谁变。"

此后没有再见到小宋，但愿她变成春天了。

大老板

现在老板很多，遇到陌生人如果不知道怎么喊，喊老板一般不会错。老板分大小，人们总以为那些资产多、摊子大的为大老板，其实未必。不信你回头看，那些曾经的所谓大老板或者已经破产，或者已经入狱。"飘风不终日"者，不可以称大。

何谓大老板？员工多少，资金多少，摊子大小不是标准。标准是什么？自己的摊子恰合自己的能力，有多大的脚，穿多大的鞋，能做到这样的，即是大老板。

大老板的大，是指智慧说的。

后患无穷

台湾诗人周梦蝶，四十多岁尚未结婚。南怀瑾问他：有什么打算？是不是结婚？

周梦蝶回答：家无隔夜之粮，手无缚鸡之力，还结什么婚？

南怀瑾说：也是，前途有限，后患无穷。

周闻之大惊，于是开始用功修行。

仔细想想，南先生此言，可以惊到每个人。

学成自己

　　袁世海学戏，拜郝寿臣为师。袁世海很用功，一招一式很像郝寿臣。一天郝寿臣问袁世海："你跟我学戏，**是要把我揉碎了成你，还是把你揉碎了成我？**"袁世海说："当然是把我揉碎了成你。"郝寿臣说："不对，那样你就不是袁世海，而成了郝寿臣。你要的是把我揉碎了成你。"

　　因此有了后来的袁世海，袁世海也印证了郝寿臣。

　　郝寿臣乃真师父，袁世海亦好徒弟。

面子

那年到印度去，与我同住一屋的是老史。老史是一位企业家。

他说有一年他参加了一次体验活动：放下虚荣。参加活动的都是老板，规则是身上不带一分钱，离开家门生活三天。

他说他的感受，从腰缠万贯到一文不名，一开始还没觉得什么，到中午的时候，该吃饭了，突然才意识到自己身上没钱。中午饭没吃，喝了点水，凑合过去了。到了晚上，挨不下去了，在街上转呀转，看到好吃的口里不断咽口水，但是没办法。有一次想到跟人要，到底张不开嘴。站在饭店窗外向里看，看到一桌人吃完饭离开，剩下了好多。于是大着胆子坐到了那张桌子旁，东看看，西看看，发现没人注意，于是急急忙忙抓起一些东西吃起来。这时候最怕遇到熟人，偏偏就遇到了熟人。那人盯他好久，问："是老史吧？"

"哦哦。"

"怎么了？"

"没怎么。"

"没怎么这是怎么了？"

这时才知道面子是有分量的，掉在地上"吧嗒、吧嗒"响。

虚荣是假面具，人躲在里头，永远发现不了自己。

与酒肉无关

　　《韩非子》载：大臣夷射陪齐王喝酒，中途出来醒酒，手里还提着一把酒壶。守门人向他讨一点剩酒喝，他拒绝也就罢了，还以轻蔑的口气训斥。夷射走了之后，守门人故意在廊下洒了一些水。第二天齐王见了，以为是尿渍，问守门人："谁在这儿撒尿？"守门人说：不知道，只是夷射大人昨天在这儿站过。夷射因此被杀。

　　《世说新语》里的顾荣则不一样。烤肉的人送上烤肉来，顾荣感觉到这个做烤肉的人有想尝尝烤肉的意思，便把自己这份送给他吃了。同桌的人笑话他，他说："岂有天天烤肉的人而不知烤肉味道的？"后在战乱时渡江，每经危急，总有一人跟随在顾荣左右相助，这即是那个烤肉的人。

　　前一则故事，两个错的人；后一则故事，两个对的人。

美食家

对于人来说，吃饭是大事。但吃什么，不一定是大事。我见过吃饭最不讲究的人，且是个大画家。他一心在画上，根本顾不上吃饭。若是吃饭能免，他肯定第一个免了。把吃什么当成大事的人，定然是美食家。一样东西或几样东西，煎、炒、烹、炸，蒸、煮、汆、烤，放这样作料，放那样作料，这么弄，那么弄，弄出种种不一样的滋味，来满足口腹之欲。美食家其实都是嘴馋的人。

真正的美食家是哪些人呢？应该是那些吃嘛嘛香的人，他们不知道什么叫馋，好吃的好吃，不好吃的也好吃，吃什么都能吃出欢喜。

图腾

　　龙乃中华民族的图腾，中国人也被说成龙的传人。龙是什么？是一种动物吗？是，也不是，我们看重的是这种动物的精神，所谓龙的传人要承传的也是这种精神。

　　何谓龙的精神？即它的灵活，灵是灵透、睿智，可大可小，能上能下，能屈能伸，一切随机随缘，没有障碍；活呢？是阔大、能容、能化、能用，看它的相貌便知：牛头、鹿角、蟒身、鹰爪、鱼鳞、狮尾等，**每一样都不是自己的，却也恰恰成为了自己。**这便是龙给人的启示。

都不是我的，最后都成了我的
此即是龙

第五辑

花如是

佛陀传禅时，手拈一枝花。他什么也没说，却
也什么都说了，于是禅传了下来。
禅是心，心是世界，世界是一枝花。

命和运

花的根花的植株如果是命，那么花所遇到的日月星辰风霜寒暑蜂蝶虫蚁等就是运。命和运是两回事，彼此却又分不开。如果没了这株花，则阳光仍在，却与花无关。如果这株花在，阳光则是花的一部分。

把一株花弄明白，也就把一个人弄明白了。

梅知己

彬子出了一本《梅知己》，收录了他几十首梅花诗。他真的喜欢梅花，但他生在北方，北方的梅花只能栽在盆里，在暖室里过冬。彬子一个人独对着几盆梅花，从含苞到绽蕾到最后凋落，总也看不尽，有时半夜归来也忘不了去看梅花。诗里有句子道："此生与梅是夫妻。"

与梅花哪里是夫妻？而是自己跟自己。人的眼睛向外，无暇内观，一日看到梅花，发现了它的好，其实它所映现的恰是自己的好。人就这样发现了自己，只是不自知。见到梅花总舍不得，是自己跟自己多情。

猫吃草

据说在澳大利亚，由于垃圾少，苍蝇只好到花丛中采食花粉。一些时日之后，即使再遇到垃圾，这些苍蝇也不再沾染。

那年在赵州柏林寺，见到大小三只猫在树下吃草。我拿此事问出家师父。师父说：寺里一切洁净，包括猫，即使不吃草，它也吃素食。

向日葵

　　一块闲地里，父亲种了几棵向日葵。葵花是对着太阳转的，所以有的地方叫它转日莲。转的结果，是它成了太阳那样的颜色。如今，父亲已去世多年，但那葵花一直开在我心里。

　　父亲种向日葵，梵高画向日葵。梵高的心思在花朵上，父亲的心思在果实上。梵高收获的是灿烂，父亲收获的不仅有灿烂，还有沉实。

独有葵花向日倾

心囊

齐白石记述自己从湖南老家来北京时的心情：过黄河时，乃幻想，安得手有嬴氏赶山鞭，将一家草木，过此桥耶！

其实用不着赶山鞭，他已经把家乡的所有都装到了心里，他笔下的每一枝松，每一朵梅，每一只虾蟹……无不是从老家带来。

泥土开花

1964 年夏，贾又福所在中央美院毕业班来太行山写生，他认定此山，自此终身相许，曾六十余次深入太行，每次都面山顶礼。有人说他傻，他也知道自己傻，且也甘愿傻："世人说我傻，瓢者我自夸。世人谓我迂，我便迂到底。世人嫌我板，机巧不足羡。世人说我土，泥土亦开花。"

贾又福这团泥巴开出来的花，果然灿烂。

桃之夭夭

感恩

　　齐白石一生遇到好几位贵人，如王闿运、陈师曾、徐悲鸿等，这些人是识者。而齐白石则一直感念这些人的知遇之恩。齐白石后来画《向日葵》题道："知感旧恩唯此种，心随落日尚依依。"说花，也在说自己。

一场花事

　　2020 年 4 月中旬，网上有画家接龙，都在画一株桃树：《老树新花》。这成为疫情期间的一个亮点。我问画家吴冠南，是什么因缘，成此雅事？吴冠南说："哈哈，是我转发了许宏泉一张照片，遂引发一场花事。"

　　不由赞曰："日在兹，月在兹，树干化作龙蛇躯；风不欺，雨不欺，一穗新花出老枝。一步趋，步步趋，各因画事入灵虚。"

自己也是一朵花

　　朋友拿来一幅《牡丹图》，要我题跋。

　　牡丹好，但好在牡丹那里，与人何干？须人好才好。人若不好，花好又如何？

　　遂题："人人都说此花好，我有心花胜此花。"

花裀

　　《开元天宝遗事》载：学士许慎选，放旷不拘小节，每次于花圃中摆茶宴酒宴，就让孩子们把落花堆到他这儿，别人给他座位他也不坐，他说："我有花裀，用不着坐具。"

　　这样的意思，后来化成了苏曼殊的诗："落花深一尺，不用带蒲团。"

人是花 一样的人
花是人 一样的花

怨春风

　　人总是自以为是，看什么什么不对，所以容易怨恨。

　　诗人王维借牡丹花，就把这意思说了："自恨开迟还落早，纵横只是怨春风。"

花是自己

花好看，但花不是开给谁看的。它若是开给谁看，它就不是花了。

花的好，是因为它的圆融、自在与从容。你看它与不看它，你赞美它与咒骂它却与它无关，它是自己的一个证明。

正因为它证明了自己，所以别人来，它也能为别人做证明。

著名隐士

　　隐士因为隐蔽，应该不出名，但凡出了名的，都成了著名隐士。比如陶潜，不但人出名，连南山和菊花也跟着出了名。

　　为什么？因为隐士是自己跟自己在一起，圆满而自足，像幽谷里的花那样，没人发现时一直开着，人发现后，即成名花。

花开见佛

花开时刻

对于花株来说，开花是一件特别大的事。因为只有花开了，花才是花。若是不开，则枉为花一场。

在此之前，根、茎、叶的所有努力，都是为了这一刻。这一刻是花的，也是宇宙的。

为什么？因为花本身即是一宇宙，或者说，宇宙也是一朵花。花开那一刻，即与宇宙浑化为一体了。

花株

　　花有时是哲学。

　　一粒籽埋下之后，生根，发芽，抽茎，长叶，但都不是花。待到花开，你则发现，或根或茎或叶，少了哪一点也没有这花。因此说，整个植株无不是花。

　　还譬如黄河，拐了九十九道弯，流到大海回头看，每道弯都是风景；若是流不到海，有弯没弯都没有意义。

十丈莲花

《真人关尹传》云，真人游时，各各坐莲花之上，花径十丈，有返生灵香，逆风三十里。韩愈诗："太华峰头玉井莲，开花十丈藕如船。"都说是花开十丈，我看是无见顶相。

蝶与花

花一开始不是花，而是根、茎、叶，根、茎、叶长到一定程度，开出花来，怕是连自己都吃惊。**花是根、茎、叶的根本成就。**

蝶一开始也不是蝶，而是虫。那么贪婪的一只虫，竟然变成餐风饮露的蝶。**蝶是虫的本质超越。**

虫子是爬动的根、茎、叶，而蝶是会飞的花朵。

花好看，蝶美丽，蝶与花也总在一起，似乎两者有着本质上的联系。**莫非是虫子吃了花的叶子才变成了花一样的蝶？**

看叶子

看花的时候花谢了，看了一会叶回来，也挺好。

只能保证自己怎样，不能保证别人怎样。

莲花喻

佛教为什么以莲花为象征？一是莲花"出淤泥而不染"，象征"烦恼即是菩提"；二是莲花花果同时，花开时，实已现；表明菩提心的不失不退，花是心因，佛是心果，如黄念祖老居士所说："念佛时即成佛时。"

不努力

春天里到处有花开，试问：开花是努力的结果吗？

回答是又努力又不努力。**努力是不懈怠，不努力是放松。**这里有自觉做前提，知道自己是桃花，就开成桃花样，知道自己是梨花，就开成梨花样。若是桃花想开成梨花，或梨花想开成桃花，肯定很努力，但这样的努力还不如不努力。

花前独立

　　读过些梅花诗，更喜欢这首："入山无处不花枝，远近高低路不知；贪图下风香气息，离花三尺立多时。"此诗像电影镜头，从远景慢慢推移至近景。这看花人是谁？有人说是明代的高启，有人说是清代的孙原湘，其实是谁已经不重要，关键是有这首诗。谁读了这诗，那看花人就是谁了。

自在即花

　　若花看花，不知花做何想。是欣赏？是比较？若欣赏是怎么个欣赏？若比较是怎么个比较？

　　桃花不如梨花白，梨花不如桃花红，永远是这样。

　　其实只有人这样想，花不多事，若多事即不是花了。

半亩园

村边有我家半亩园，因近鸡狗，所以每年惊蛰过后，我爹便弄些秫秸来把篱笆扎起。

篱笆围住的是一个大花园，从春到秋，花事不断，白菜花谢了，豆角花开了；茄子花谢了，南瓜花开了……篱笆上也满是扁豆花和牵牛花。

总有人来找我爹，他们隔着篱笆说话，那花就在他们中间开，蝴蝶或蜜蜂就在他们左右飞。我那时就觉得，天国也无非这样。

自家花

2017 年初秋来浙江乐清，看雁荡山和吴冠南画展，拟联两副。

其一：

山高万仞半腰能缠他处雾；

心阔十方何处不放自家花。

其二：

谁把花栽到云间去了；

我将月挪之心内来参。

后来吴冠南见到此联后说，我这一生尽在这联里了。

春风燕语时，我作桃花注

桃花的力量

唐代灵云志勤禅师苦修了三十年，心中块垒未除。突然有一天在寺门外，见到一枝灼灼而开的桃花，猛然醒悟，当即唱偈道："三十年来寻剑客，几回落叶又抽枝。自从一见桃花后，直至如今更不疑。"

一枝桃花为什么有这么大的力量？

不是桃花有力量，是看桃花的人有力量。不是看桃花的人有力量，是看桃花的人的心有力量。天地之间纷然寂然，全因了这颗心，桃花不过是点燃这颗心的一个烛火。

高贵

　　"桃花难画，因要画得它静。"胡兰成如是说。

　　桃花为什么静？**因为高贵，只有高贵才能静。**其实不只桃花，是所有的花都是高贵。因为它圆融，艳就艳，不艳就不艳，怎么怎么好。袁枚诗说，"苔花如米小，也学牡丹开"，其实苔花与牡丹齐等，它也不用学牡丹。

　　花是不拣择的。花的高贵在于不拣择，人也是。

桃花与行脚

桃花开时，我与一群人行脚到柏林寺，当日往返，全程170华里。很累，且也不甚累，第二天照样参加该参加的活动。若说是奇迹，也应该算。想了想，能够走回来，只是心里不急。若是着急，肯定脚就崴了，腿就疼了，或者脚起泡了。不着急，算个什么？不着急不能算奇迹，但不着急却能够创造奇迹。或者说，所有的奇迹都在不着急里。

不着急，不是懒散，不是懈怠，恰是静止中待时而动的一种圆满，或者饱满。它能够应机而发，不过亦无不及，是不期而遇，是此感彼应，是恰到好处。如炒菜时的火候把握，或炒菜时的放盐少许，根本用不着想，就那么恰恰好。

你以为在说我吗？其实在说桃花。桃花不着急，应时应机，所以在灿烂里。

灿烂是奇迹。

行脚去呀

桃花源

　　一篇《桃花源记》，足可以说尽陶潜。"不知有汉，无论魏晋"，说的是心灵结构。人是被时空圈囿着的，一旦时空粉碎，人也就自由了。

　　人是难以自由的，就因为烦恼。人的最大烦恼，莫过于时空限制。见不到前生，活不过百年，升空不如飞鸟，入地不如蝼蚁。但也正因如此，人才想着超越。

寻蝶

花一动不动 / 白色的蝴蝶 / 飞入 / 白色花丛 / 男孩 / 寻蝶至花园 / 从南到北，由西到东 / 未见蝴蝶影踪

这是网上读到的一首现代诗。

突然想到宋代诗人杨万里的《宿新市徐公店》："篱落疏疏一径深，树头花落未成阴。儿童急走追黄蝶，飞入菜花无处寻。"

这两首诗意境相同，是后人抄了前人的吗？我相信不是，只能说是他们拥有了同样的美好。